“岭南避暑之都”

——连山旅游气候资源

段海来　刘　畅　杜尧东　张　羽　编著

内容简介

本书着重从连山夏季气候特征、气候生态环境、夏季避暑气候优势几个方面入手分析，以科学的数据、翔实的资料论述了连山县作为广东省优质避暑目的地的气候资源优势。本书对连山县大力宣传旅游、发展旅游，开发避暑休闲度假产品，加快从传统农业产业向度假旅游产业的转型升级步伐及乡村振兴，建设“小而美、小而富、小而强的美丽边城、小康连山”，均具有重要的现实意义。

本书可供气象、生态等相关工作人员阅读参考。

图书在版编目（CIP）数据

“岭南避暑之都”：连山旅游气候资源 / 段海来等编著. -- 北京：气象出版社，2024. 8. -- ISBN 978-7-5029-8281-2

Ⅰ. P468.265.4

中国国家版本馆 CIP 数据核字第 20242ZU106 号

“岭南避暑之都”——连山旅游气候资源

“Lingnan Bishu zhi Du”——Lianshan Lüyou Qihou Ziyuan

出版发行：气象出版社
地　　址：北京市海淀区中关村南大街 46 号　　邮　　编：100081
电　　话：010-68407112（总编室）　010-68408042（发行部）
网　　址：http://www.qxcbs.com　　E - mail：qxcbs@cma.gov.cn
责任编辑：邵　华　张玥滢　　终　　审：张　斌
责任校对：张硕杰　　责任技编：赵相宁
封面设计：楠竹文化
印　　刷：北京建宏印刷有限公司
开　　本：710 mm × 1000 mm　1/16　　印　　张：5
字　　数：77 千字
版　　次：2024 年 8 月第 1 版　　印　　次：2024 年 8 月第 1 次印刷
定　　价：48.00 元

前言

习近平总书记指出，要建设的现代化是人与自然和谐共生的现代化，提出要提供更多优质生态产品以满足人民日益增长的优美生态环境需要，要求加快建立以生态系统良性循环和环境风险有效防控为重点的生态安全体系、以产业生态化和生态产业化为主体的生态经济体系。为践行习近平生态文明思想，进一步发挥气候趋利避害功能，各地气象部门联合地方政府全力塑造气候资源品牌，深度挖掘气候价值，不断推动区域经济社会可持续发展。

气候是自然生态系统中最活跃的因素，是山、水、林、田、湖、草等生命共同体的重要纽带，更是人类社会赖以生存和发展的基础。秀美的山水和优良的生态是由独特的气候造就的，因此，如何围绕连山特色的生态旅游气候资源优势，开展生态旅游气候资源评估，深度高质量挖掘连山生态、旅游、经济价值，打造连山生态旅游全国知名品牌，具有十分重要的现实意义。连山气候宜人、生态优质、避暑休闲条件优越，为建设生态旅游名城，布局和发展生态农业、生态旅游、生态养生奠定良好基础。

受连山壮族瑶族自治县人民政府委托，广东省气候中心和连山壮族瑶族自治县气象局组织科技人员通过大数据来综合科学评估生态旅游气候资源，围绕连山生态和气候资源优势，整体突出“避暑休闲”这个特殊旅游主题，为打造“岭南避暑之都”金名片提供支撑，为“绿水青山就是金山银山”发展战略提供天赐禀赋的科学支撑，为“粤港澳休闲旅游胜地”区域影响定位提供支撑。“连山·岭南避暑之都”必将为连山独特的生态气候优势获得一个权威认定，让连山生态气候优势得到省内外普遍认知、认同，走出广东、走向全国。

编　者

目录

前　言

第 1 章　连山基本概况……1

1.1　自然地理概况……2
1.2　气候概况……4
1.3　休闲印象……4

第 2 章　连山夏季气候特征……9

2.1　气温凉爽……10
2.2　雨量充沛……12
2.3　相对湿度大……13
2.4　风感舒适……13
2.5　日照时数多……14
2.6　气候变化预估……15

第 3 章　连山气候生态环境……19

3.1　植被覆盖度高……20

3.2 遥感生态指数趋好......21
3.3 生态环境状况指数优......27
3.4 空气清新大气环境优......27
3.5 水资源丰富水质好......29
3.6 生物多样性丰富......30

第 4 章 连山避暑旅游适宜性综合评价......31

4.1 连山 5—10 月人体舒适度气象指数（BCMI）分析......32
4.2 连山 5—10 月通用热气候指数（UTCI）分析......38
4.3 连山 5—10 月避暑旅游适宜性区划......40
4.4 连山避暑旅游适宜性综合优度对比......48

第 5 章 连山气候景观......55

5.1 气候景观丰富多彩......56
5.2 山水景观奇异优美......61
5.3 休闲度假旅游胜地......65

第 6 章 结论与建议......69

参考文献......72

第1章

连山基本概况

1.1 自然地理概况

连山地处南岭山脉西南麓，五岭之一的萌渚岭余脉绵延其中，县内山连山，重峦叠嶂、溪谷纵横、山地与丘陵交错。连山地貌可分为海拔1000米以上的中山区、海拔500～1000米的低山区和海拔500米以下的丘陵区。整体地势由北向南、由东向西倾斜，地层稳定，水流四方，地形山水交错（图1-1）。海拔1000米以上的山峰有49座，主要山脉有大龙山、大雾山、芙蓉山、王侯山、梨头山等，最高山峰为东北边缘的大雾山，海拔1659.3米；最低处是南部边缘的水下桥河床，海拔117米。

比较明显的小山脉有9条，其中8条属萌渚岭余脉，大龙山脉属九嶷山余脉。大龙山脉在县境最北部，由北向南伸展，北接湖南江华，南至王侯山与萌渚岭余脉相接，主峰大龙山在禾洞农林场境内，海拔1577米。大雾山脉在县境东北部，由西南向东北伸展，主峰大雾山为全县最高峰，也是禾洞镇与太保镇、连山与连南的分界山。芙蓉山脉在县境西北部，萌渚岭余脉由此蜿蜒入境，由西向东伸展，主峰大芙蓉山海拔1435.7米，是禾洞镇与永和镇的分界山，也是广东和广西、湖南省（区）界碑所在。王侯山脉在县城西北部，由西向东伸展，主要山峰王侯山海拔1405米、巾子山海拔1417米，是永和、太保、禾洞3个镇的分界山。犁头山脉在县城西北部，由西北向东南伸展，主峰犁头山海拔1276米，是吉田镇与永和镇分界山。石龙山脉在县境西部，由西北向东南伸展，主峰石龙山（又名“鸡罩顶”“罗刷冲顶”）海拔1179.6米，是吉田镇与广西贺州市八步区大宁镇的分界山。石钟山脉在县境东南部，由东北向西南伸展，主要山峰孔子门山海拔1564.8米、石钟山（又名“三高顶”）海拔1490.6米，是福堂、小三江镇的分界山。大钹山脉在县境西南部，由西向东伸展，主要山峰横水顶海拔1377.5米，是福堂镇、上帅镇与广西贺州八步区南乡镇的分界山。黄莲山脉在县境东南部，由西北向东南伸展，主要山峰布政顶海拔1576.8米，是小三江与连南白芒、怀集洽水的分界山。在山地中，相对比较险峻的地方俗称为“界”，连山的茅田界、抛石界、大歇界和黄莲界最出名、最典型。

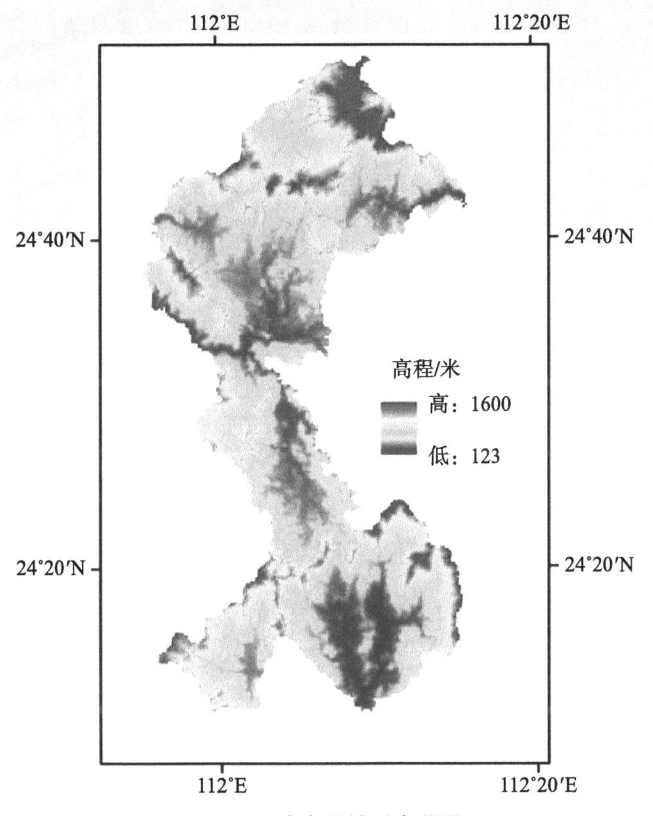

图 1-1　连山县地形高程图

连山县内岩系主要是古生代花岗岩侵入体，一般呈现中粒斑或巨斑状角闪石花岗岩，主要矿物成分为：斜长石（30%～40%）、钾长石（25%～30%）、石英（25%～30%）、普通角闪石（5.8%）、黑云母（3%～5%），以禾洞、太保、吉田、永和等镇为一大片，以小三江、上帅、福堂等镇为另一大片，占全县地质岩性的 70%。太保镇大雾山一带的岩石则多呈细粒暗灰色厚层状，层理显著，矿物组成为：长石（45%～50%）、石英（30%～45%）、铁胶结物（5%）、炭质（1%），并混有少量白云母、磷灰石等。其次是古生代寒武纪、奥陶纪前变质岩形成的砂页岩，主要分布在福堂、吉田、永和等镇局部地方，占全县地质岩性的 29%。此外，还有 1% 零星分布的石英岩和板岩。

连山县内群峰耸立，地势高峻，径流集水向四面分流，东汇入连江（北江支流）、南汇入绥江（北江支流）、西汇入贺江（西江支流）、北汇入沱江（湘江支流的上游），分属珠江流域和长江流域。大龙山、王侯山、金子山、芙蓉山等横亘诸山为这两大流域在连山境内的天然分水岭。全县共计有大小河流 194 条，主要河流有大滩河、上草水、太保水、绥江（县内河段称治平水）和禾洞水。全县河流多年平均总径流量为 15.16 亿立方米。

1.2 气候概况

连山县属亚热带山地气候，地处低纬度，年平均气温 19.0 ℃，夏季平均气温 26.3 ℃、冬季平均气温 10.2 ℃；一般在 2 月中旬入春，5 月上旬入夏，10 月上旬入秋，12 月上旬入冬，冬季最短，夏季最长；年高温日数为 10.7 天，夏季比广东其他地方凉爽；冬季日平均气温一般在 0 ℃以上，比较温暖。连山气温年较差和日较差大，分别为 17.7 ℃和 9.3 ℃。年降水量 1768.8 毫米，干湿季明显，降雨集中出现在雨季 3—8 月，占全年的 75%，干季（9 月至翌年 2 月）降雨较少，一般为 400～500 毫米。年相对湿度大，达 82%；年日照时数为 1353.6 小时；年平均风速 1.3 米 / 秒，年小风日数 297.7 天，静风日数 21.2 天，大风日数 2.7 天，基本无沙尘天气。

连山县自然条件优越，季风气候显著，气候资源丰富，但有时也有季节性灾害天气气候事件发生，给社会经济和人民生活带来一定的影响和损失。主要的气象灾害有暴雨、霜（冰）冻、低温、雷雨大风、雷暴、干旱、高温、大雾等，其中暴雨灾害影响最大。

1.3 休闲印象

连山气候温润宜人，山清水秀，空气清新，森林植被葱郁，土地肥沃，物产丰富，这里既无工业之污染，又无城市之喧嚣，更有丰富多彩的民族风情，是宜居旅游休闲胜地。

生态环境优良。连山县域境内峰峦林立，溪涧纵横，地势高峻，总面积的86.6%为山地，河流和耕地占13.4%，有“九山半水半分田”之称。连山生态环境优良，是广东省唯一一个没有工业的县城，拥有1个省级、5个市级自然保护区，森林覆盖率高达86.2%，水资源丰富，地表水水质良好，空气质量优良，负氧离子浓度高。据监测，2016年连山饮用水源水质达标率为100%，河流水质达到Ⅰ类标准；空气优良率达98%，负氧离子浓度达到世界卫生组织“特别清新”标准，“氧吧之城”是连山形象的宣传定位。2015—2018年，连山连续4年被列入“全国百佳深呼吸小城”前十名。

气候舒适，物产丰盛。连山气候温和，夏无酷暑，冬无严寒，年人体舒适日数多达243天。连山昼夜温差大，土壤肥沃，植被覆盖度高，水质良好，无工业污染，特别适合发展无公害绿色农产品。优越的气候条件、土质、环境加上传统的耕作方式，造就了连山丰富优质的无公害土特产，如连山大米、沙田柚、大肉姜、淮山、蜂蜜、佛手、春橘等。其中沙田柚获得全国农业博览会金奖和全国柚果协会评比金奖，“沙田柚之乡”声名远扬；连山以盛产优质大米闻名，是广东省重要的商品粮生产基地，是“有机稻之乡”，连山有机稻米取得了香港有机认证中心和中绿华夏有机食品认证中心认证；作为广东省的“生姜之乡”，连山出产的大肉姜因其个大肉厚、色泽金黄而闻名省内外。

小美边城，绿色发展。连山县是广东省人口密度最低县。近年来，县政府紧紧围绕建设“小而美、小而富、小而强的美丽边城、小康连山”的发展目标，坚定走“生态立县，绿色发展”的道路，重点抓好生态保护、发展特色旅游和农业等工作，2017年，连山被评为“全国生态文明建设典范城市”。连山县坚持民生优先，着力提升教育和基础公共医疗卫生服务水平，加快推进学校、幼儿园、医院、卫生院等的扩建改建，加强师资、医技等人才的引进和培养，提高教学、医疗服务水平，近年来，连山县荣获“国家级卫生县城”“广东省卫生镇（县城吉田镇）”“全国义务教育发展基本均衡县”“广东省教育强县”“广东省文明县城”“全国体育先进县”等多项称号。

旅游资源丰富。连山境内崇山峻岭连绵起伏，溪流纵横，景色优美。

大旭山瀑布群景区、金子山旅游风景区、鹰扬关景区、雾山梯田、茅田观景台、福林苑和纯朴优美的乡村都极受游客欢迎，是生态民族旅游和休闲度假的绝好去处。大旭山瀑布群景区位于连山县吉田镇三水大旭山，距县城 12.8 千米。景区内山路连绵，山高林密，野蕉林茂，古藤缠树，瀑布成群，溪水清冽，水似银帘，潭如绿绸，有“广东九寨沟”和“岭南西双版纳”的美誉。金子山旅游风景区位于连山林场巾子村省级生态公益林区内，是连山第一个国家 3A 级旅游风景区，是集自驾车游接待基地、登高运动、观光览胜、探险猎奇、度假休闲、生态旅游功能于一身的综合性休闲旅游度假景区。景区有独特而优美的自然风光，除具有“奇峰、怪石、云海、冰雪、瀑布、古树、日出、晚霞、杜鹃、翠竹”等原生态的自然景观之外，还有罕见的阴阳天体山和大明皇太后李唐妹化身的“皇后峰”。金子山春可看山花烂漫，夏可观日出云海，秋可览三省风光，冬可赏罕见雾凇，是登高览胜、探险猎奇、避暑养生、休闲度假的绝佳去处。大雾山位于连山太保镇，为连山最高山峰（1659.3 米），称为“广东岭南屋脊”，山顶常年云雾缭绕，每到冬季有积雪，是赏雪拍雪的好去处。大雾山脚下的欧家村和黑山村拥有大片梯田，统称雾山梯田（图 1–2），是连山新八景之一，是广东省规模最大的原生态梯田。雾山梯田田埂曲线优美，如美丽的裙带，随着季节的转换，梯田呈现不同景观，春天银光片片，夏天禾苗叠翠，秋天稻浪涌金。众山包裹下的梯田，每年都吸引着大批摄影者前来拍摄，是农业观光与乡村休闲度假的胜地。

民族风情浓郁。连山是少数民族自治县，其中壮族、瑶族占 64.03%。连山历史悠久，民族风情浓郁，置县至今已有 1500 多年历史。千百年来，勤劳勇敢的壮瑶汉同胞在这片土地上繁衍生息、和睦相处，至今仍保留着独特、多彩的民族文化和传统农事活动。如壮族的“装古事”、抢花炮、追天灯、舞龟鹿鹤、舞木猫狮、“七月香”壮家戏水节；瑶族的小长鼓舞、舞龙灯、瑶族八音、瑶族婚礼、瑶族盘王节；汉族的连山山歌、舞香火龙、唱春牛等。其中“七月香”壮家戏水节已经成为连山旅游的一个招牌节庆；小长鼓舞、舞龙灯、瑶族八音、瑶族婚礼也被列为国家和省级非物质文化遗产；连山拥有“中国民间文化艺术（抢花炮）之乡”的称号。传统的农事活动如水车灌水、水牛拉犁、插秧收割、种菜种果、放塘捕鱼、烟熏腊肉、手工蒸酒等，让久居都市的人们在充满田园氛围的农事活动中体验到农耕生活的乐趣。

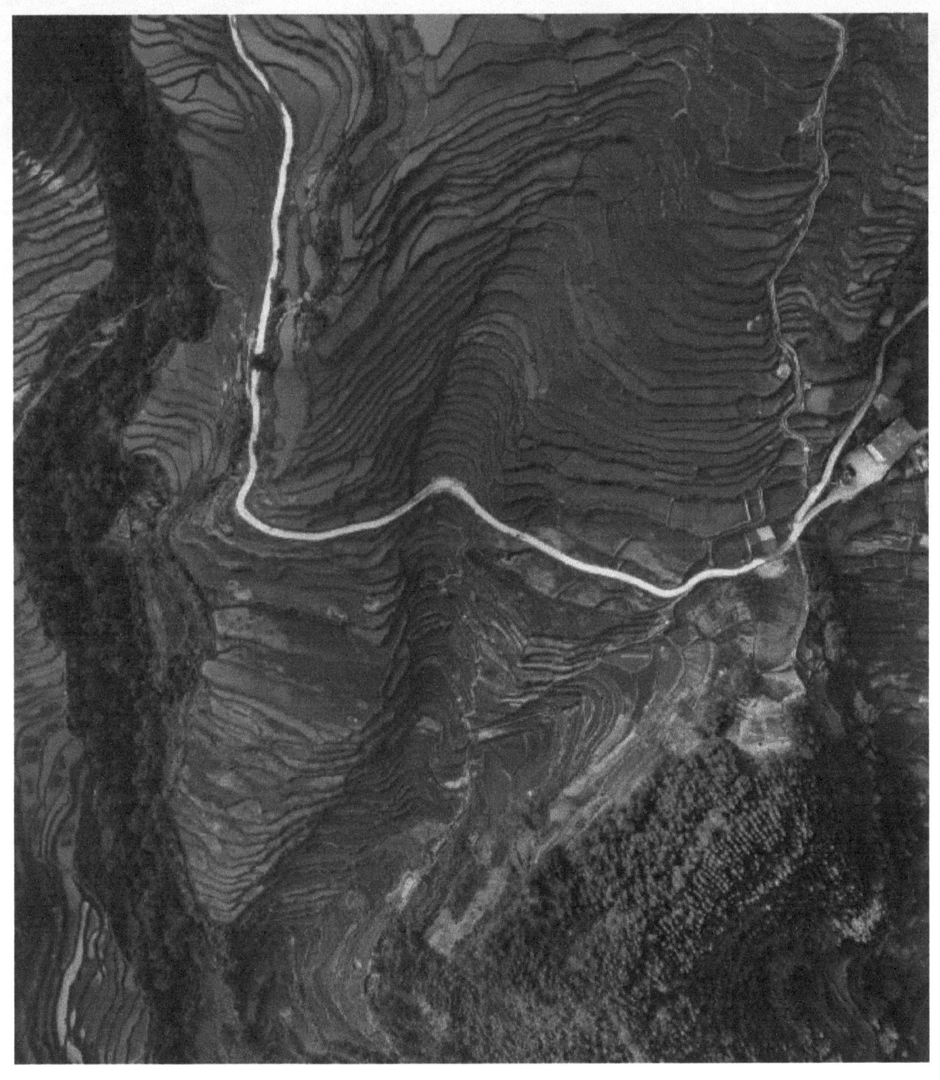

图 1-2　连山雾山梯田（来源：清远市精神文明建设委员会办公室官方账号）

第2章

连山夏季气候特征

2.1 气温凉爽

1962—2019 年，连山县夏季（6—8 月）平均气温为 26.3 ℃，是广东省夏季气温最低的地区，较全省夏季平均气温（28.1 ℃）偏低 1.8 ℃左右。就全县而言，县城所在地吉田镇、福堂镇及小三江年夏季平均气温较其他乡镇高，县城北部三个乡镇永和、太保、禾洞及南部上帅镇气温较低，禾洞北部村落和太保北部村落气温最低（图 2-1）。夏季平均最高气温为 31.9 ℃，平均最低气温为 22.9 ℃（表 2-1）。连山县夏季日极端最高气温达 39.4 ℃，出现在 2007 年 8 月 8 日（是历史上夏季最热的白天）；夏季日极端最低气温为 11.8 ℃，出现在 1964 年 6 月 5 日（即历史上夏季最凉

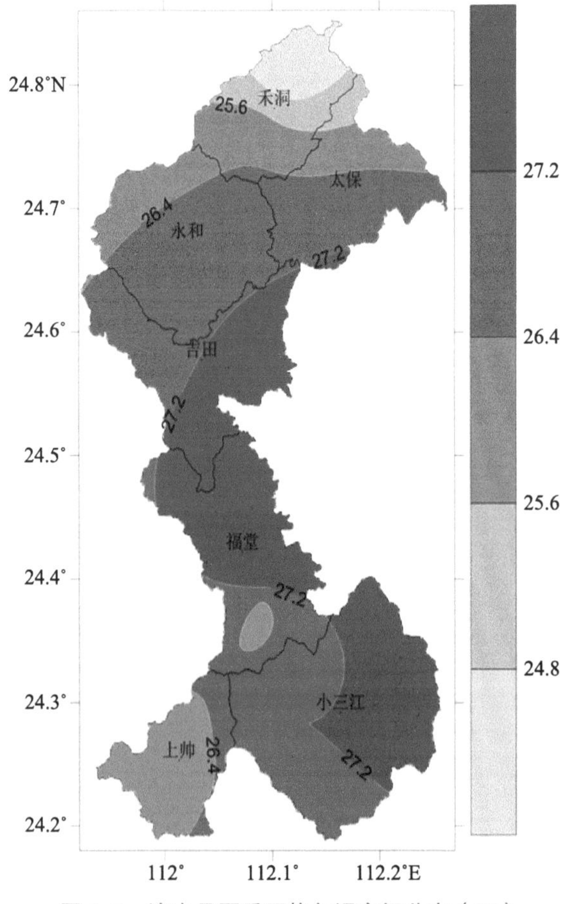

图 2-1 连山县夏季平均气温空间分布（℃）

表 2-1　连山县夏季气温常年值　　单位：℃

月份	6月	7月	8月
平均气温 /℃	25.7	26.9	26.4
极端最高气温 /℃	38.1	39.2	39.4
极端最低气温 /℃	11.8	16.7	16.6
平均最高气温 /℃	30.6	32.5	32.6
平均最低气温 /℃	22.6	23.3	22.9
平均日较差 /℃	8.1	9.2	9.7

的夜晚）。夏季平均日较差为 9.0 ℃。按照气候季节划分标准（夏季平均气温≥ 22 ℃），连山于 5 月 6 日入夏，10 月 5 日结束，夏季长达 153 天。夏季开始日期最早为 4 月 11 日（1991 年），最晚为 5 月 19 日（1982 年）。

连山夏季高温日数仅有 9.2 天，远远少于广东省（15.2 天）和华南地区（14.2 天）。1962—2019 年的 58 年中，连山有 13 年夏季高温日数少于 5天。自 1962年有气象记录以来未出现热夜（日最低气温≥ 28 ℃的日数）。年炎热（日最高气温≥ 38 ℃）日数只有 0.2 天，主要出现在 6—8 月，8 月有 0.1 天。连山境内山连山，重峦叠嶂，海拔高度差异大，有海拔 1000 米以上的中山区、海拔 500～1000 米的低山区和海拔 500 米以下的丘陵区，气候要素水平分布复杂，立体气候特征明显（图 2-2）。立体气候使连山成为夏无酷暑的清凉世界。在夏季温度较高的华南地区，炎炎夏日中连山更显清凉舒爽。

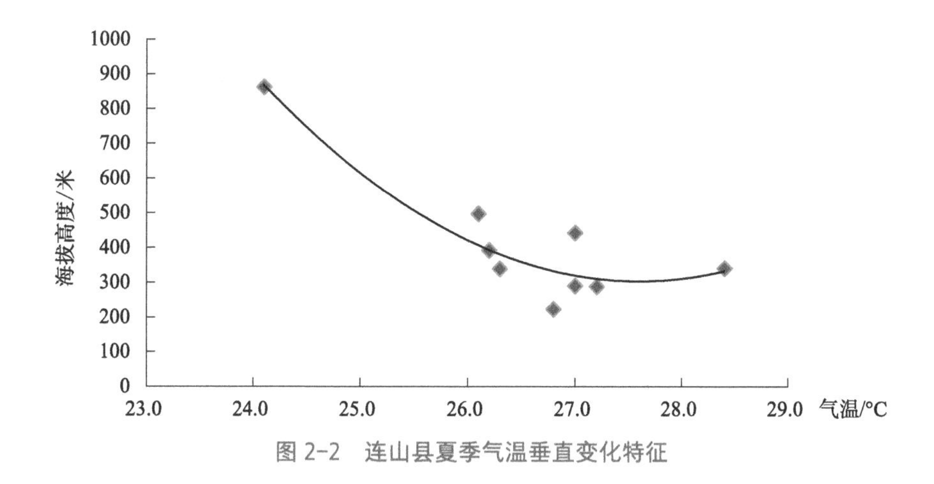

图 2-2　连山县夏季气温垂直变化特征

2.2 雨量充沛

夏季降水量达679.4毫米，占全年降水总量的36.6%，日降水概率为60.4%；6月降水量为一年中最多，达282.5毫米；7月最大日降水量243.1毫米，这也是连山县日降水量的历史极值（出现在2002年7月1日）（图2-3）。夏季降水日数55.3天，占全年降水日数的31%；其中小雨日数36.3天，占夏季降水日数的65%；中雨日数10.4天，占夏季降水日数的19%；大雨日数6.4天，占夏季降水日数的12%；夏季暴雨日数2.2天，是一年中暴雨最多的季节。夏季平均雨强12.1毫米/天，6月雨强最大，为14.2毫米/天（表2-2）。

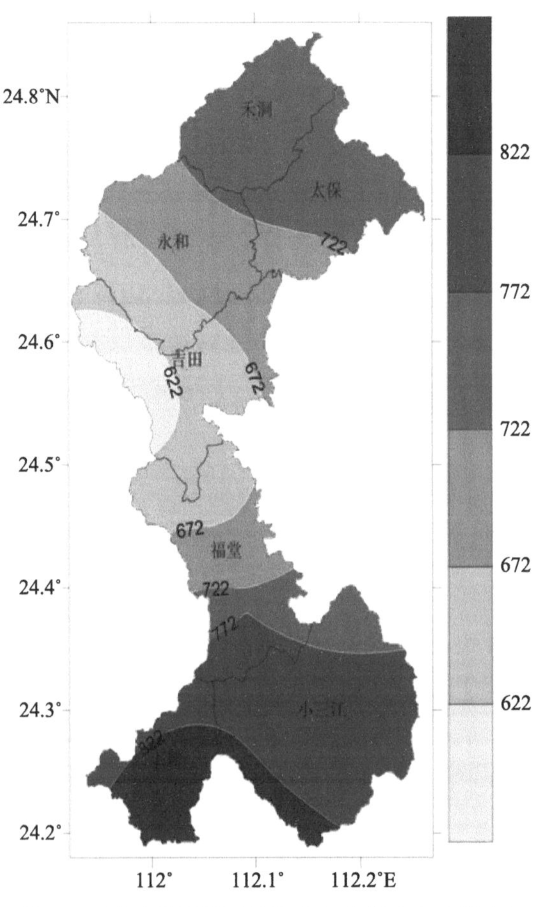

图2-3　连山县夏季平均降水量空间分布（毫米）

表 2-2　连山县夏季降水量特征值

月份	6 月	7 月	8 月
降水量 / 毫米	282.5	208.2	188.7
最多降水量 / 毫米	547.3	681.4	492.0
最少降水量 / 毫米	93.8	26.6	28.5
最大日降水量 / 毫米	176.0	243.1	118.3
降水日数 / 天	19.9	18.2	17.5
平均雨强 /（毫米 / 天）	14.2	11.4	10.8

2.3　相对湿度大

夏季平均相对湿度为 84%，6 月平均相对湿度最大，为 85%。8 月平均最小相对湿度最大，为 75%，为各月中最大。夏季适宜湿度日数 24.3 天，8 月最少，为 6.1 天（表 2-3）。

表 2-3　连山县夏季相对湿度特征值

相对湿度特征值	6 月	7 月	8 月
平均相对湿度 /%	85	82	84
平均最小相对湿度 /%	72	71	75
平均最大相对湿度 /%	96	94	95
适宜湿度日数 / 天	7.0	11.2	6.1

2.4　风感舒适

连山县夏季平均风速 1.2 米 / 秒，8 月平均风速最小，为 1.0 米 / 秒。夏季平均最大风速 10.5 米 / 秒，7 月和 8 月最大，为 10.6 米 / 秒。夏季小风日数最多，为 80.5 天；8 月小风日数最多，达 28.9 天。夏季静风日数为 3.3 天。夏季大风日数为 1.6 天；7 月大风日数最多，为 0.7 天，其次为 8 月，为 0.5 天（表 2-4）。

表 2-4　连山县夏季风特征值

风特征值	6 月	7 月	8 月
平均风速 /（米 / 秒）	1.3	1.4	1.0
平均最大风速 /（米 / 秒）	10.2	10.6	10.6
小风日数 / 天	25.7	25.9	28.9
静风日数 / 天	1.2	0.9	1.2
大风日数 / 天	0.4	0.7	0.5

2.5　日照时数多

连山县夏季平均日照时数最高，为 461.1 小时，其中 7 月最高，为 178.7 小时（图 2-4）。

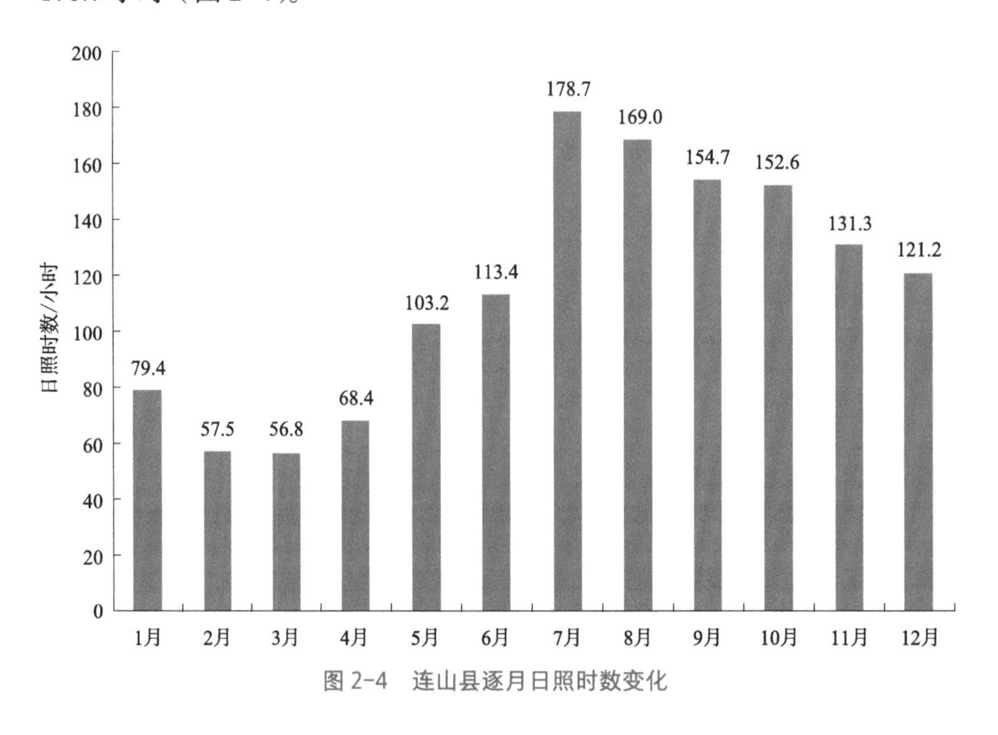

图 2-4　连山县逐月日照时数变化

2.6 气候变化预估

2.6.1 气温预估

通过分析 RegCM4.4 区域气候模式在中等温室气体排放情景下（RCP4.5）模拟的气温预估数据得出，受人为温室气体排放等外强迫的影响，未来连山年平均气温将持续上升，但夏季气温上升的幅度低于冬季，冬季升温速率对全年升温速率贡献率更大。到 2050 年左右，年平均气温升高接近 1.3 ℃，较华南区域平均增幅（2.6 ℃）偏低近 1 倍，到 2100 年前后，升高接近 2.0 ℃，较华南区域（3.4 ℃）偏低 1.4 ℃（图 2-5）。由此可见，相较华南区域平均升温速率，连山升温速率不论是中期还是远期均远低于华南区域。

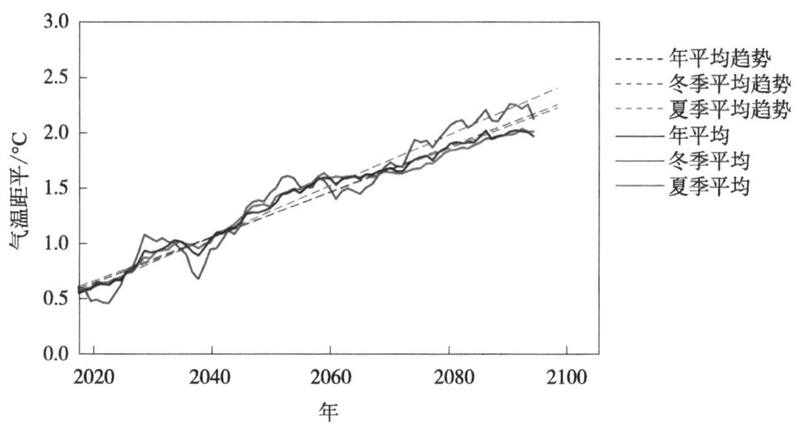

图 2-5　未来连山气温变化（相对于 1986—2005 年）

利用预估的日最高、最低气温，通过百分位法确定极端高温事件得出未来连山极端高温事件增加、极端低温事件减少的结论。到 2050 年，暖夜（日最低气温高于 20 ℃）日数将增加 23 天，而低温（日最低气温低于 0 ℃）日数减少 2 天。到 2100 年，暖夜日数增加近 30 天，而低温日数减少近 4 天（图 2-6）。

受人为温室气体排放等外强迫的影响，在全球气候变暖大背景下，尽管连山未来气温持续上升，极端高温事件增加，但是，数值模拟显示，森林覆盖区域可使年平均气温降低 0.2 ℃，夏季降温可达 1.0 ℃，森林也可使整个区域的降水量增加 5%～15%，因此可通过植树造林、减少森林植被破坏、保护水资源、增加水体面积等措施减缓区域气候变暖。

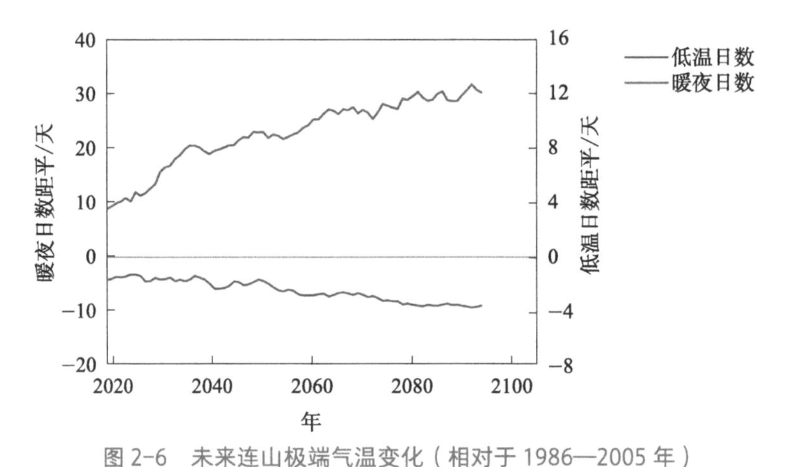

图 2-6　未来连山极端气温变化（相对于 1986—2005 年）

2.6.2　降水预估

连山未来年降水和冬、夏季降水的年代际变化波动都较大，总体以增加为主，并且冬季降水的相对变化值高于夏季，增加幅度在 0%～50%，夏季降水和年降水的增加值在 20% 以内（图 2-7）。

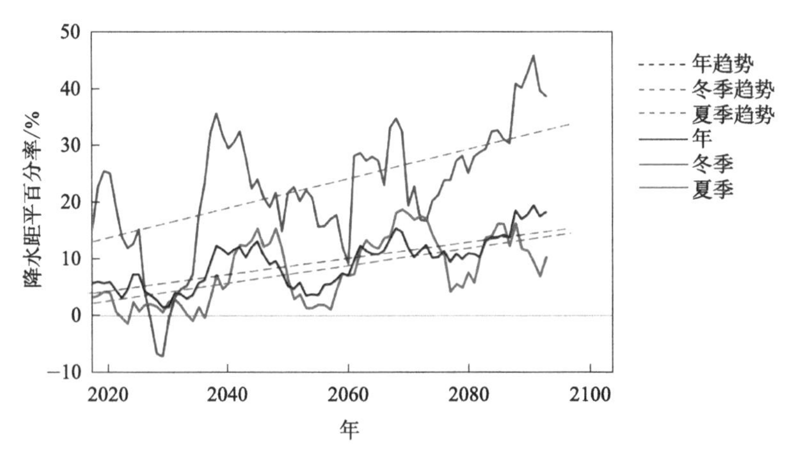

图 2-7　未来连山降水变化（相对于 1986—2005 年）

未来连山大雨日数增加，增加值在2～6天；连续干日的变化呈现显著的年代际波动，总体以增加为主，增加值不超过4天（图2-8）。

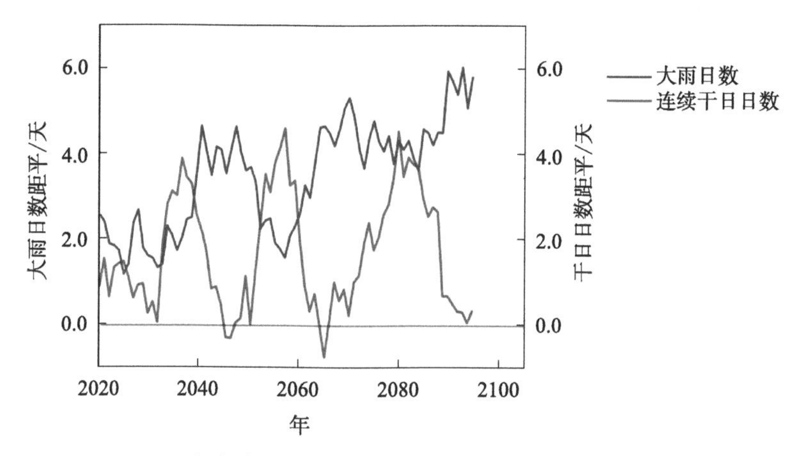

图2-8　未来连山极端降水的变化（相对于1986—2005年）

第3章

连山气候生态环境

连山地处广东省西北隅，南岭山脉西南麓，独特的气候和地理环境造就了连山优良的自然生态环境，素有“岭南屋脊”“三省边城”“氧吧之城”等美誉。森林覆盖率达86.2%，居广东首位，被评为全国造林绿化百佳县、广东省林业生态县，广东省森林生态旅游示范基地，2015—2018 年连续 4 年被评为“全国百佳深呼吸小城”。

3.1 植被覆盖度高

利用 LANDSAT 遥感数据分析表明（按 2015 年数据），连山县土地覆盖类型主要包括农地、林地、草地、水域和建设用地等，其中以林地、农地和草地为主（图 3-1）。

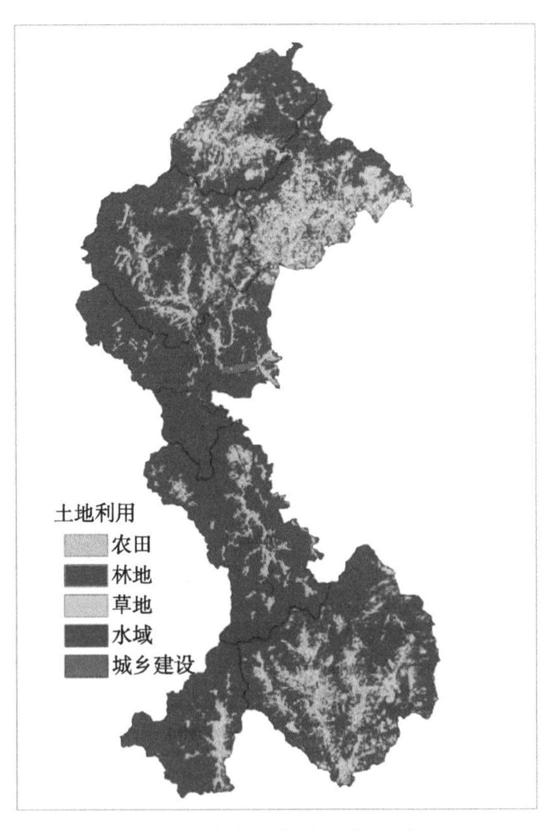

图 3-1　连山县土地覆盖类型图

连山植被环境良好且稳定。利用 MODIS 遥感数据监测表明，2000—2017 年，连山县 5—9 月（生长季）植被指数均值为 0.769，明显高于全国平均水平（0.44），其中 2017 年高达 0.797。21 世纪以来，连山植被指数一直处在高位水平上，并呈增长趋势，增幅达到 5.7%，每 10 年平均增加 0.019，表明连山植被环境优良且稳定向好（图 3-2）。

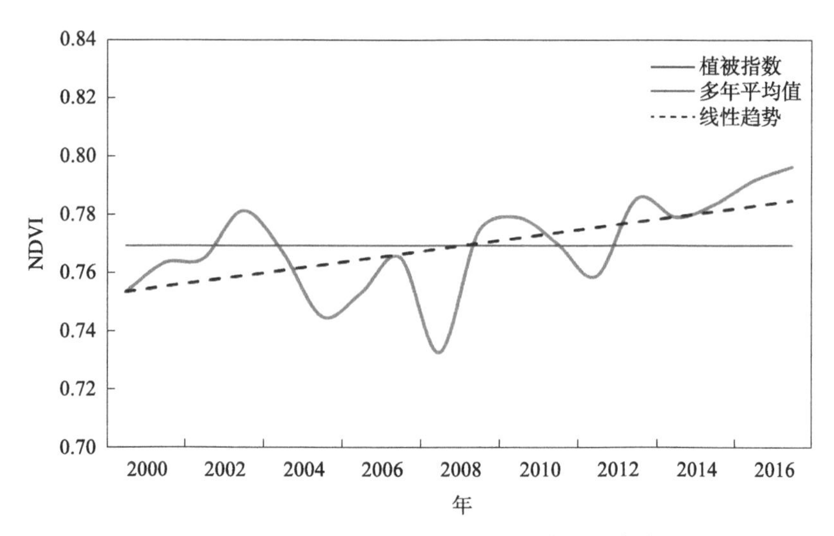

图 3-2　2000—2017 年连山县植被指数（NDVI）变化图

3.2　遥感生态指数趋好

根据计算得到的连山遥感生态指数（RSEI），分别统计了连山县境内 2015 年、2020 年绿度（NDVI）、湿度（WET）、热度（LST）、干度（NDSI）4 个指标及生态指数（RSEI）的均值（图 3-3）。由表 3-1 可知，6 年间，连山生态指数呈增加趋势，由 2015 年的 0.71 增加到 2020 年的 0.75，增加了 0.04，遥感生态指数趋好。2020 年代表生态趋好的绿度指标较 2015 年高 0.03，湿度指标较 2015 年低 0.03，而代表趋差的干度指标和热度指标均低于 2015 年，其中热度指标低 0.12，干度指标低 0.01。

表 3-1　连山县遥感生态指标变化情况

年份 / 年	指　标				
	绿度（NDVI）	湿度（WET）	热度（LST）	干度（NDSI）	生态指数（RSEI）
2015	0.87	0.90	0.40	0.52	0.71
2020	0.90	0.87	0.28	0.51	0.75

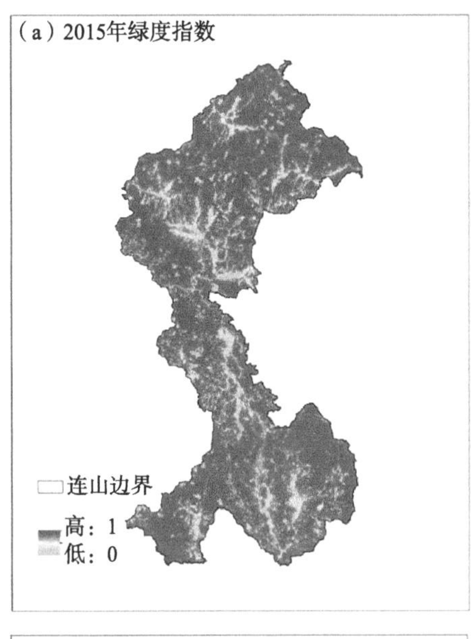

（a）2015年绿度指数

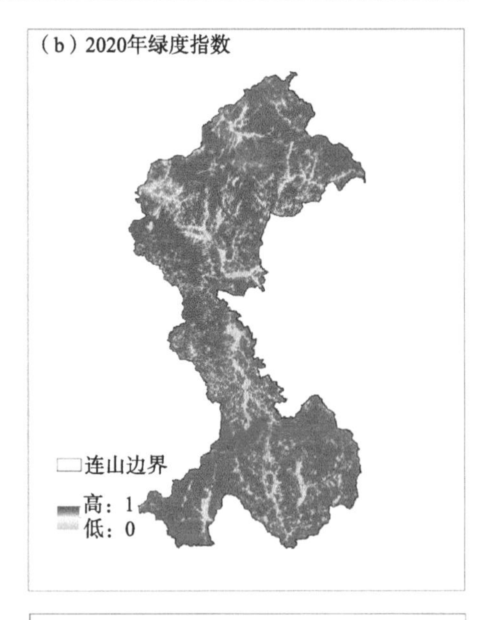

（b）2020年绿度指数

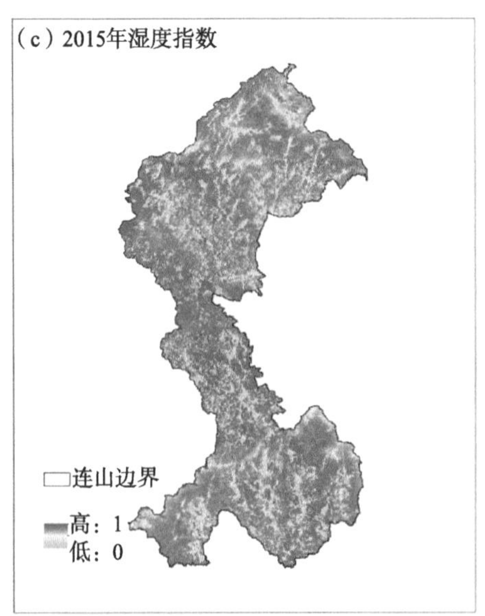

（c）2015年湿度指数

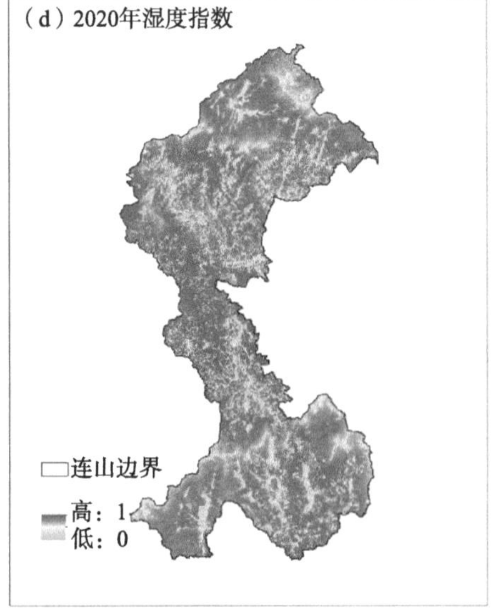

（d）2020年湿度指数

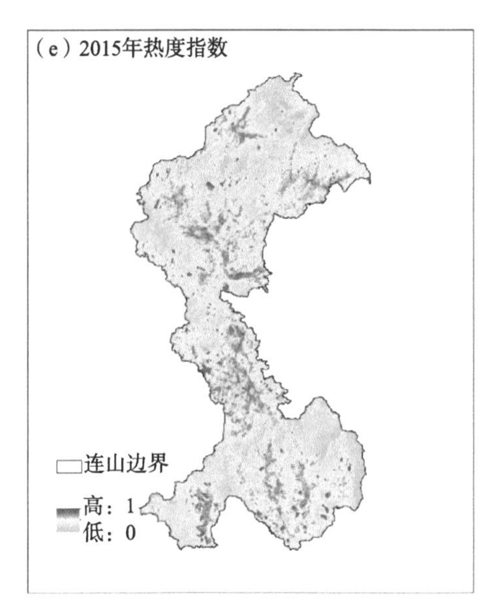

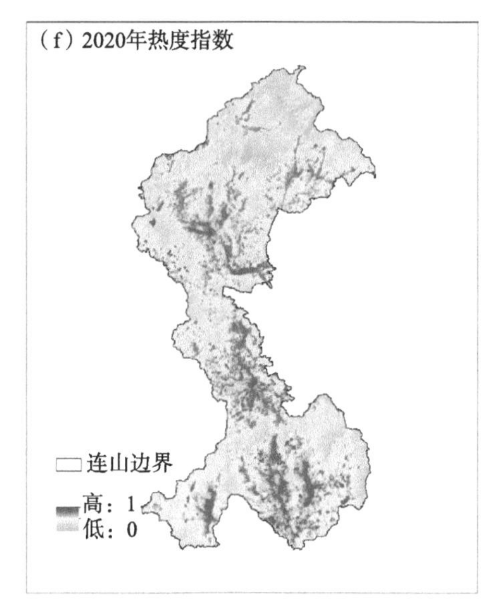

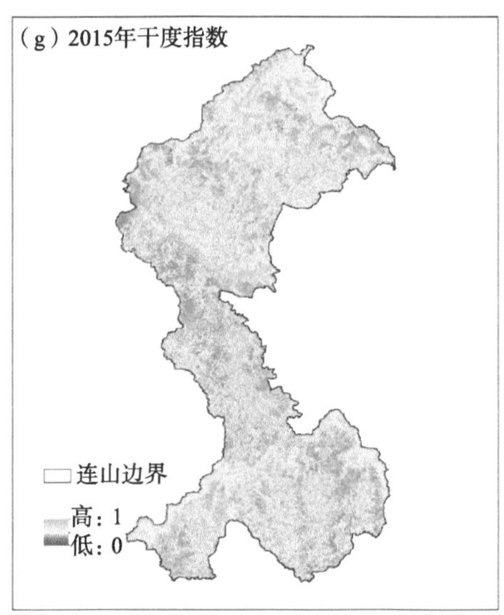

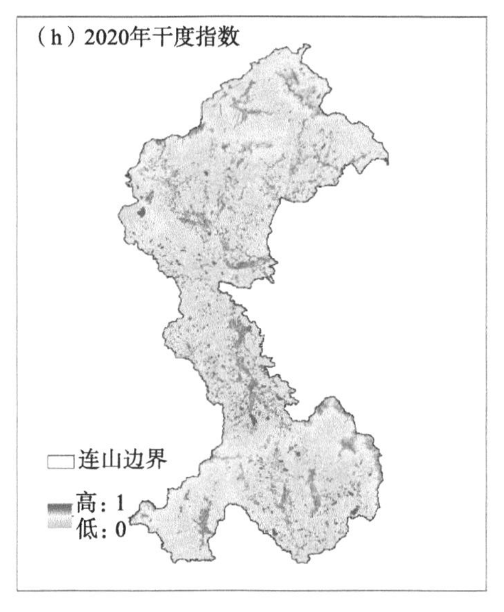

图 3-3　2015 年和 2020 年生态指标对比（左：2015 年，右：2020 年）

为进一步对遥感生态指数进行定量化与可视化分析，将各年份的遥感生态指数（RSEI）分成 5 个级别，分别代表生态差、较差、中等、良、优 5 个等级，对应的遥感生态指数（RSEI）分别为 [0，0.45)、[0.45，0.55)、[0.55，0.65)、[0.65，0.75)、[0.75，1.0]。2015 年和 2020 年生态环境等级分布如图 3-4 所示。

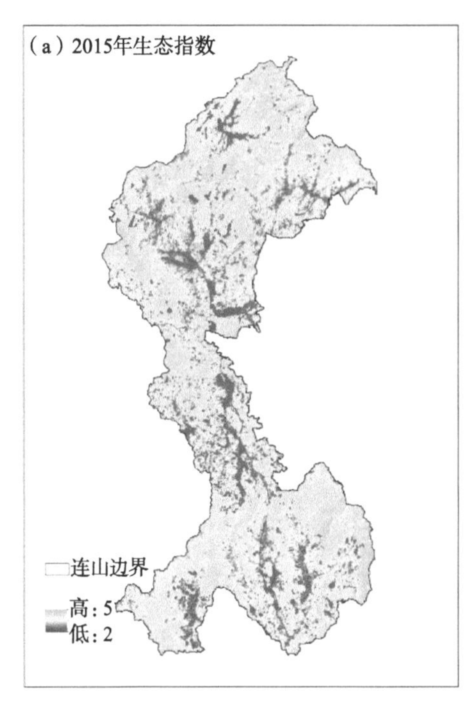

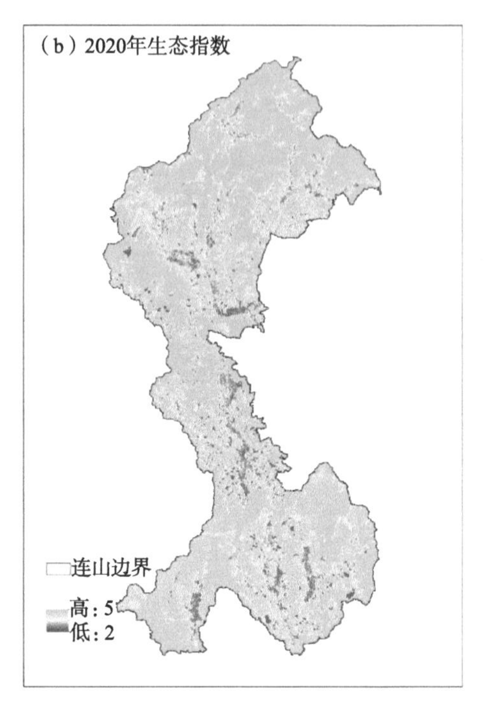

图 3-4　2015 年和 2020 年遥感生态指数（RSEI）对比

统计结果显示（表 3-2），2015 年连山生态等级较差、中等、良、优的面积占比分别为 0.2%、8.2%、83.7%、7.9%；2020 年各等级面积占比分别为 0.2%、5.6%、30.8%、63.4%。优良等级累计占比由 2015 年的 91.6% 提升到 2020 年的 94.2%，较差等级占比差异不明显，占比均较低，2015 年和 2020 年连山均无差等级区域，由此可知连山生态环境质量优良，且有显著提升。

表 3-2　生态等级和面积比例变化

生态等级	2015 年		2020 年		占比差值（2020—2015 年）
	各生态等级面积 / 平方千米	各生态等级占比 /%	各生态等级面积 / 平方千米	各生态等级占比 /%	
优	96.4	7.9	769.6	63.4	55.3
良	1019.3	83.7	373.5	30.8	−53.0
中等	100.2	8.2	67.7	5.6	−2.7
较差	2.0	0.2	2.1	0.2	0.0

基于以上等级划分，分 7 个等级对连山各年份生态指数（RSEI）进行差值变化检测，其中“0”级表示基本未变，“变好”“变差”都各分 3 级（图 3-5）。统计结果显示（表 3-3），2015—2020 年，从变化幅度看，连山生态环境变差等级下降的面积为 117.8 平方千米，约占总面积的 9.6%，而生态转好的面积达 1092.5 平方千米，占到总面积的 89.7%。由此可见，连山生态环境整体呈显著上升趋势。

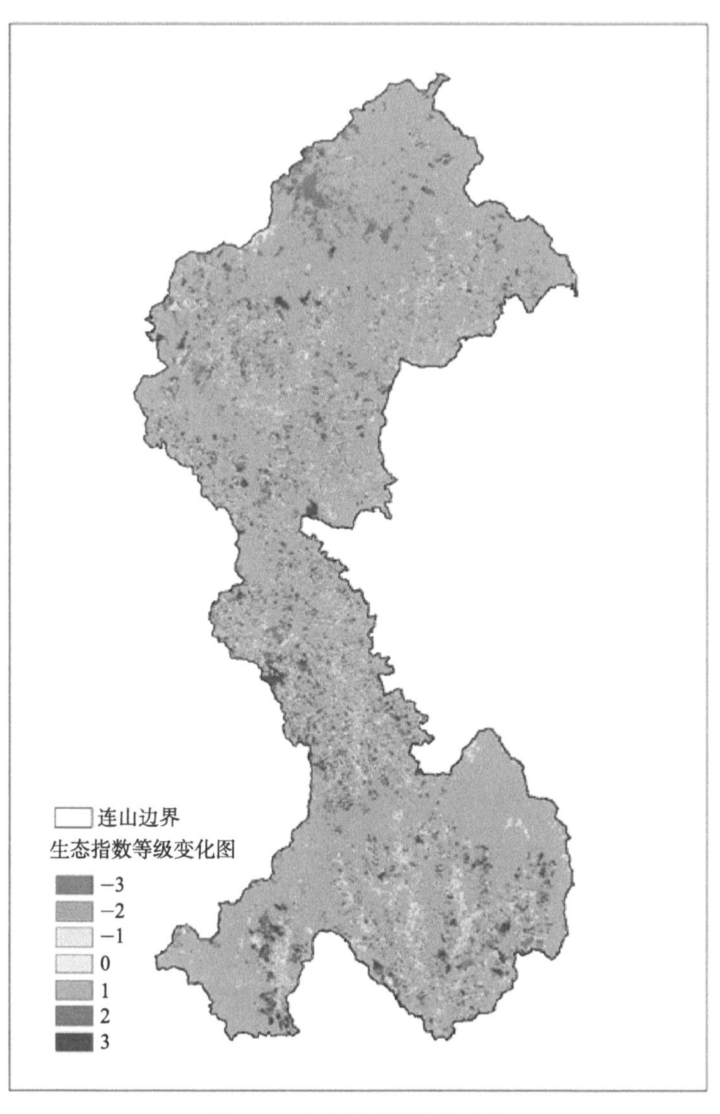

图 3-5　生态指数等级变化图

表 3-3　生态指数（RSEI）指数变化（2020 年相对于 2015 年）

变化状态	等级	比例	面积 / 平方千米
变差	−3	1.1	13.5
	−2	3.1	38.3
	−1	5.4	66.0
不变	0	0.6	7.6
变好	1	79.6	969.3
	2	7.9	96.2
	3	2.2	27.0

将生态环境恶化的区域叠加 2020 年的影像可知（图 3-6），生态变差的区域主要是人造地表（即人类活动地域）及部分农用地、林地；生态环境变好的区域主要为林地。

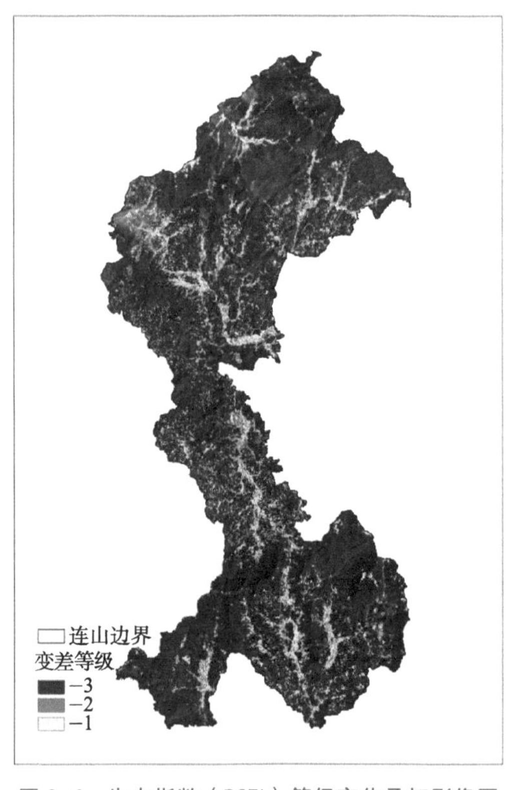

图 3-6　生态指数（RSEI）等级变化叠加影像图

3.3 生态环境状况指数优

生态环境状况指数（EI）从生物丰度指数、植被覆盖指数、水网密度指数、土地胁迫指数、污染负荷指数共5方面进行综合评价，评价结果可分5级，其中EI ≥ 75，区域环境质量为“优”，即植被覆盖度高，生物多样性丰富，生态系统稳定；当75 ＞ EI ≥ 55时，区域环境质量为良好，即该区域植被覆盖较高，生物多样性较丰富，基本适合人类生存；当55 ＞ EI ≥ 35时，区域环境为一般，植被覆盖度中等，较适合人类生存，但有不适合人类生存的制约性因子出现；当35 ＞ EI ≥ 20时，区域生态环境较差，植被覆盖较差，存在着明显限制人类生存的要素。

据2010—2018年度广东省生态环境质量报告书指出，2010—2018年，连山EI指数各年度均处于“优”，植被覆盖度高，生物多样性丰富，生态系统稳定。从变化趋势而言，2010—2018年，连山EI值总体呈上升趋势，且以每年0.94的速率增加（图3-7）。

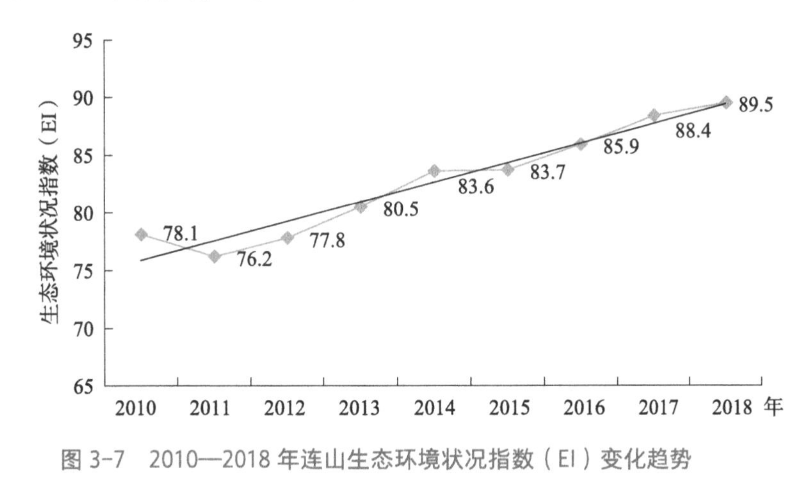

图3-7　2010—2018年连山生态环境状况指数（EI）变化趋势

3.4 空气清新大气环境优

大气自净能力是指一个区域内大气环境所能承纳污染物的最大能力。大气自净能力强反映该区域内大气环境的自净能力强，而自净能力低则反映大气对污染物的雨水清除或通风扩散能力差，容易引起空气污染。大气自净能力高于 4.1 吨 /（天 · 千米 ^{2}）表明非常有利于对大气污染物的清除，低于 2.5 吨 /（天 · 千米 ^{2}）则表明大气扩散条件不利，对大气污染物的清除作用不明显。

连山县年平均大气自净能力 2.4 吨 /(天 · 千米 ^{2})，但年内 5—8 月各月大气自净能力均在 2.5 吨 /（天 · 千米 ^{2}）以上，其中 7 月和 6 月大气自净能力较强，分别为 3.2 吨 /（天 · 千米 ^{2}）和 3.0 吨 /（天 · 千米 ^{2}）(图 3-8)。从不利于大气中污染物扩散的静风天气来看，连山静风天气很少出现，并呈现减少趋势。总体上，连山大气环境条件较好，为优质空气提供了自然保障。

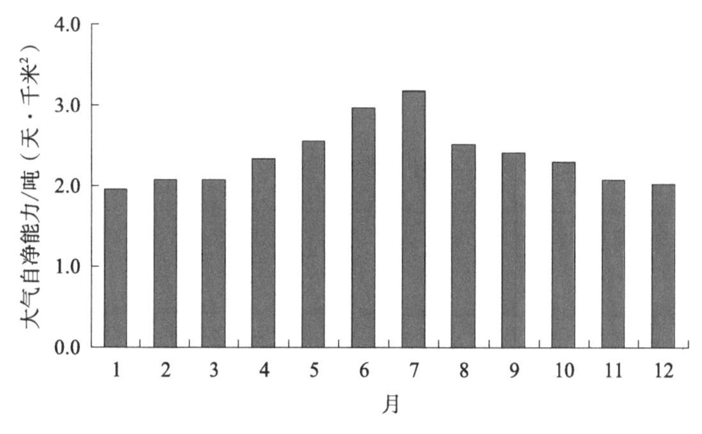

图 3-8　连山县大气自净能力逐月变化

2016—2017 年，连山县城区空气质量优良率均达到 97% 以上。2016 年优良天数 338 天，优良率 98%，轻度污染天数为 7 天。2017 年优良天数 339 天（其中优良天数 215 天），优良率 97%，有 11 天为轻度污染。2016 年臭氧超标天数 2 天，超标率 0.5%；2017 年臭氧超标天数 5 天，超标率 1.4%。年均 $PM_{2.5}$ 浓度呈逐年下降趋势，从 2016 年的 29 微克 / 米 ^{3} 降至 2017 年的 24 微克 / 米 ^{3}，降幅达 17%。

负氧离子又被称为“空气维生素”和“大气中的长寿素”，具有降尘、灭菌作用，对人体更有强身健体和治疗疾病等多种功效。连山县负氧离子浓度高，空气清新，年平均浓度达 3000 个 / 厘米 ^{3}，属于极有利“具有治疗和康复功效”等级（表3-4），大旭山瀑布群景区最大负氧离子浓度超过4万个/厘米^3。

按世界卫生组织的标准，连山县城区大气负氧离子浓度达到了“特别清新”标准（3000个/厘米^{3}以上）。连山以生态立县，大气负氧离子含量直观地反映了当地优越的生态环境。

表3-4 大气负氧离子浓度与人体健康的关系

负氧离子浓度（个/厘米^3）	等级	与健康的关系	
$C \leqslant 500$	1级	易诱发各种疾病、生理障碍	不利
$500 < C < 900$	2级	维持人体健康基本要求	正常
$900 \leqslant C < 1200$	3级	增强人体免疫力、抗菌力	有利
$1200 \leqslant C < 1800$	4级	杀菌、减少疾病传染	相当有利
$1800 \leqslant C < 2100$	5级	具有自然痊愈力	很有利
$C \geqslant 2100$	6级	具有治疗和康复功效	极有利

3.5 水资源丰富水质好

连山县水资源丰富，2011—2016年平均年水资源总量为16.56亿立方米，其中2016年达到19.67亿立方米。全县人均占有水资源量为12274立方米，是全国人均（2100立方米）的5.8倍；其中2016年人均占有水资源量达15863立方米，为全国人均的7.6倍。

全县地表水水质总体良好，地表水、饮用水、出境水达标率均为100%。大滩河半枯水期的水体中各单位污染物含量都符合地面水质II类水质标准，其余上草水、太保水、加田水、小三江水、上帅水、禾洞水各河口处的单项污染物含量都符合地面水质I类标准。饮用水源地的水质达到或优于国家II类标准。

3.6 生物多样性丰富

连山植被良好，植物种类繁多，有“绿色宝库”之称。有维管植物201科612属1223种，其中蕨类植物34科65属140种，裸子植物10科10属29种，被子植物157科537属1054种。珍稀濒危植物21种，其中国家一级重点保护植物有伯乐树、南方红豆杉、银杏、苏铁。二级重点保护植物有桫椤、金毛狗、喜树、野茶树、伞花木、凹叶厚朴、大果五加、樟树、篦子三尖杉、小黑桫椤、半枫荷、花榈木、华南锥。珍稀濒危保护植物有穗花杉、八角莲、沉水樟、粘木、青钓栲、白桂木、灌木苎麻、银鹊树、银钟树、野生荔枝10种。

连山县是广东最具特色现象的地区之一和全国物种基因宝库。县内陆栖脊椎动物有236种，分隶70科、25目。昆虫纲510种，分隶158科、15目。有珍稀濒危动物34种，其中属国家一级保护动物有黄腹角雉、蟒蛇。二级重点保护动物有穿山甲、小灵猫、斑林狸、金猫、林麝、水鹿、苏门羚、凤头鹃隼、鸢、赤腹鹰、凤头鹰、雀鹰、松雀鹰、普通鵟、白腹山雕、鹊鹞、蛇雕、游隼、红隼、白鹇、褐翅鸦鹃、小鸦鹃、草鸮、红角鸮、雕鸮、斑头鸺鹠、领鸺鹠、鹰鸮、长耳鸮、三线闭壳龟、虎纹蛙、阳彩臂金龟、叉犀金龟、猕猴。

第4章

连山避暑旅游适宜性综合评价

4.1 连山5—10月人体舒适度气象指数（BCMI）分析

人体舒适度气象指数(BCMI)是反映人类机体与大气环境之间进行热交换的综合性生物气象学指标，用以评价不同气候条件下人体的舒适感。依据气温、湿度和风速这3个对人体感觉影响程度最大的气象要素，确定了10个分级：大于等于89时人体感觉程度为酷热，86～88为暑热，80～85为炎热，76～79为闷热，71～75为暖舒适，59～70为最舒适，51～58为凉舒适，39～50为清凉，26～38为较冷，≤25为寒冷。

BCMI计算公式为：

$$I_{BCM}=(1.8T+32)-0.55\times(1-R_H)\times(1.8T-26)-3.2\sqrt{V}$$

式中，I_{BCM}表示人体舒适度气象指数，T表示平均气温（℃）；R_H表示相对湿度（小数表示）；V表示平均10米风速（米/秒）。

BCMI分级标准见表4-1。

表4-1　BCMI分级标准

人体舒适度气象指数值	分级	人体感觉
≥89	10级	酷热，很不舒适
86～88	9级	暑热，不舒适
80～85	8级	炎热，大部分人不舒适
76～79	7级	闷热，少部分人不舒适
71～75	6级	偏暖，大部分人舒适
59～70	5级	最为舒适
51～58	4级	偏凉，大部分人舒适
39～50	3级	清凉，少部分人不舒适
26～38	2级	较冷，大部分人不舒适
≤25	1级	寒冷，不舒适

连山县2010—2019年5—10月总的人体舒适度气象指数（BCMI）4级、5级、6级（旅游舒适期）概率达82%（151天），为全省第一。连

山5—10月出现5级、6级的BCMI指数概率分别为29%（53天）、51%（94天）。总体来看，连山夏半年各月人体舒适度气象指数（BCMI）4～6级（舒适和大部分人舒适）概率均超过60%（18天），其中，5月和9月、10月超过90%（27天），10月甚至达100%（约31天）。因此，连山夏半年气候适宜避暑（图4-1）。

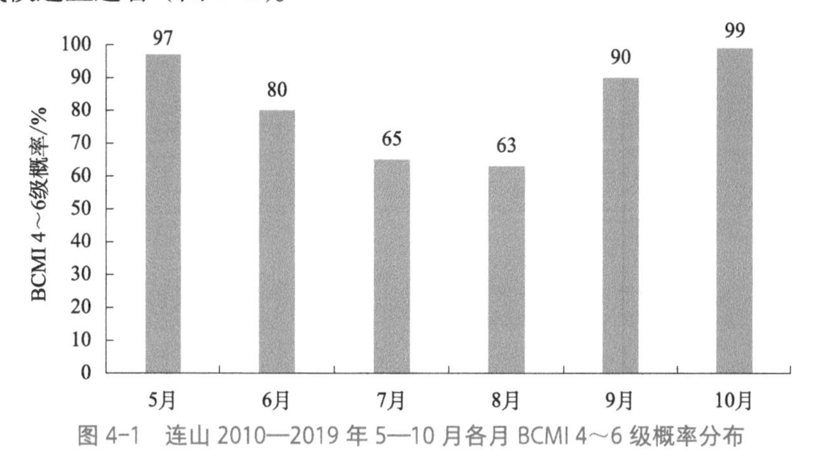

图4-1　连山2010—2019年5—10月各月BCMI 4～6级概率分布

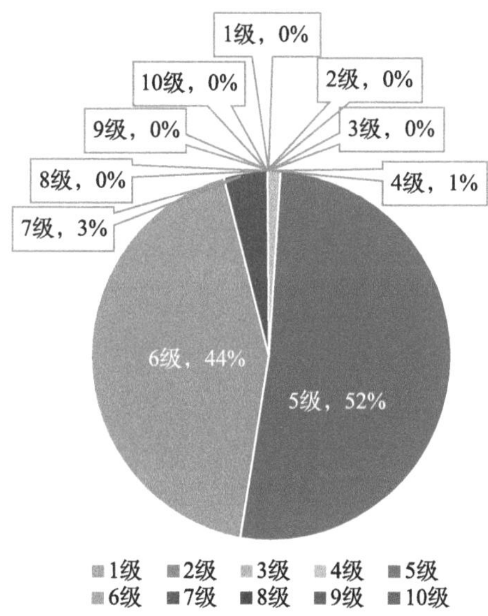

图4-2　连山2010—2019年5月BCMI各级概率分布

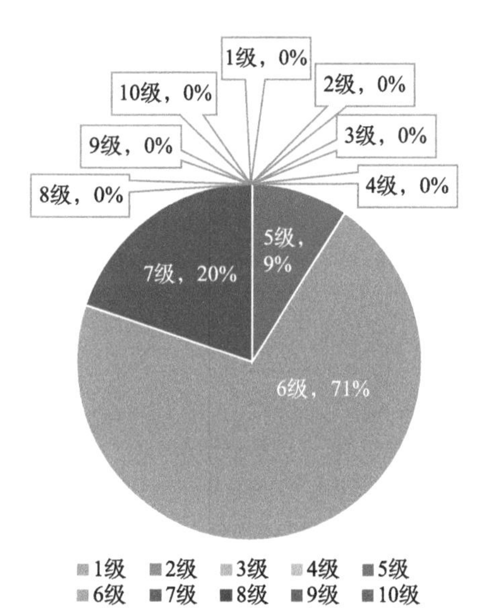

图4-3　连山2010—2019年6月BCMI各级概率分布

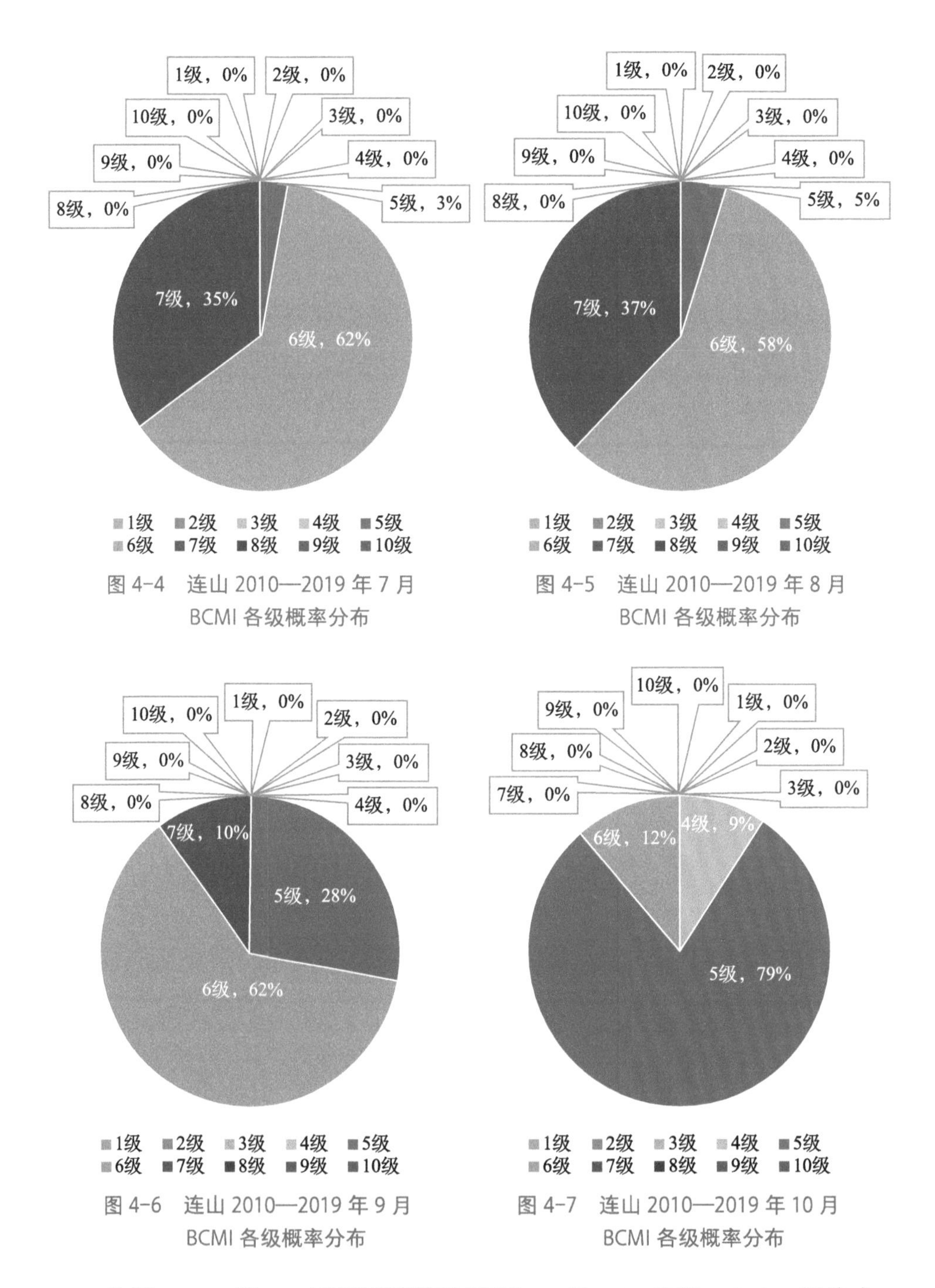

图 4-4　连山 2010—2019 年 7 月 BCMI 各级概率分布

图 4-5　连山 2010—2019 年 8 月 BCMI 各级概率分布

图 4-6　连山 2010—2019 年 9 月 BCMI 各级概率分布

图 4-7　连山 2010—2019 年 10 月 BCMI 各级概率分布

从图 4-1 ～图 4-7 可以更清晰地看到，5 月、10 月以 BCMI 5 级为主；6—9 月各月以 BCMI 6 级为主。连山避暑气候条件优越，在连山 BCMI 各级别中，以5级（最为舒适）或4级、6级（大部分人舒适）的概率为大，即使在盛夏7—8月，BCMI 5级、6级概率合计也分别达到65%（20天）、63%（19.5天），舒适和大部分人舒适是连山5—10月的大概率事件。

从空间分布来看，连山南部和北部5—10月BCMI 4～6级的概率大于中部地区（图4-8），禾洞镇北部和福堂镇南部BCMI 5～6级概率达80%以上，为县域内5—10月最舒适区域（图4-9）。总体来看，连山绝大部分乡镇的BCMI 4～6级天数均在92天以上，即连山域内夏半年人体气候感受度基本上是舒适或大部分舒适。

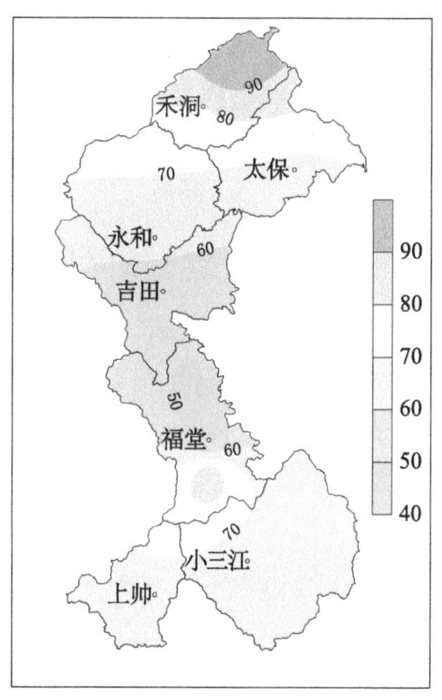

图4-8　连山2010—2019年5—10月BCMI 4～6级概率（%）空间分布

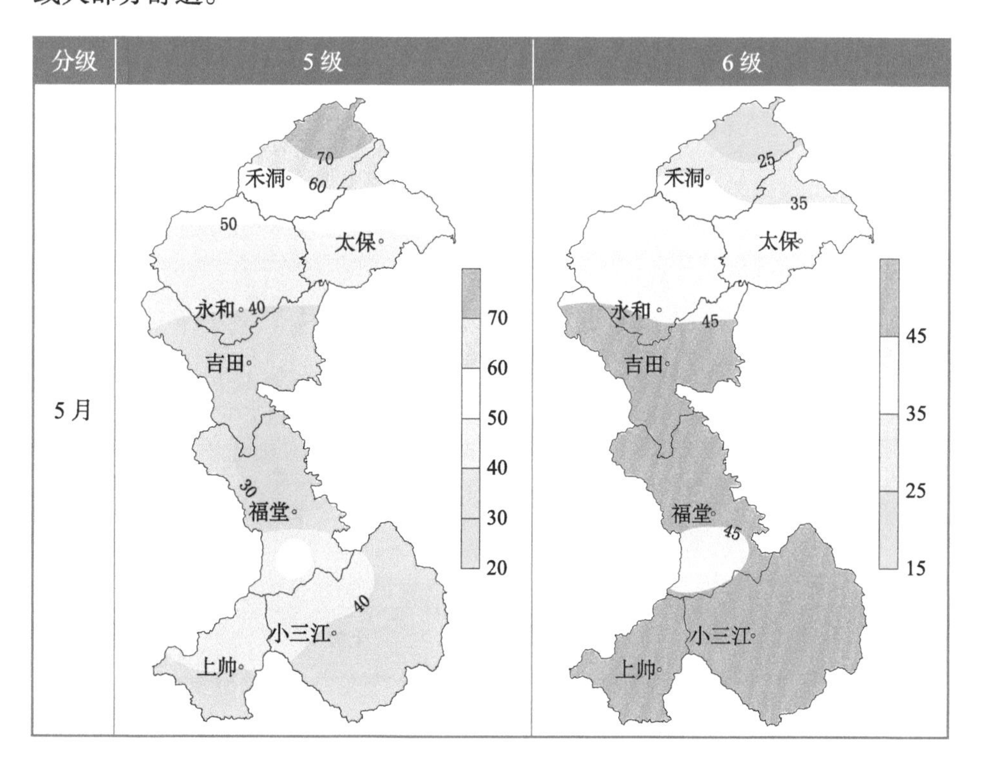

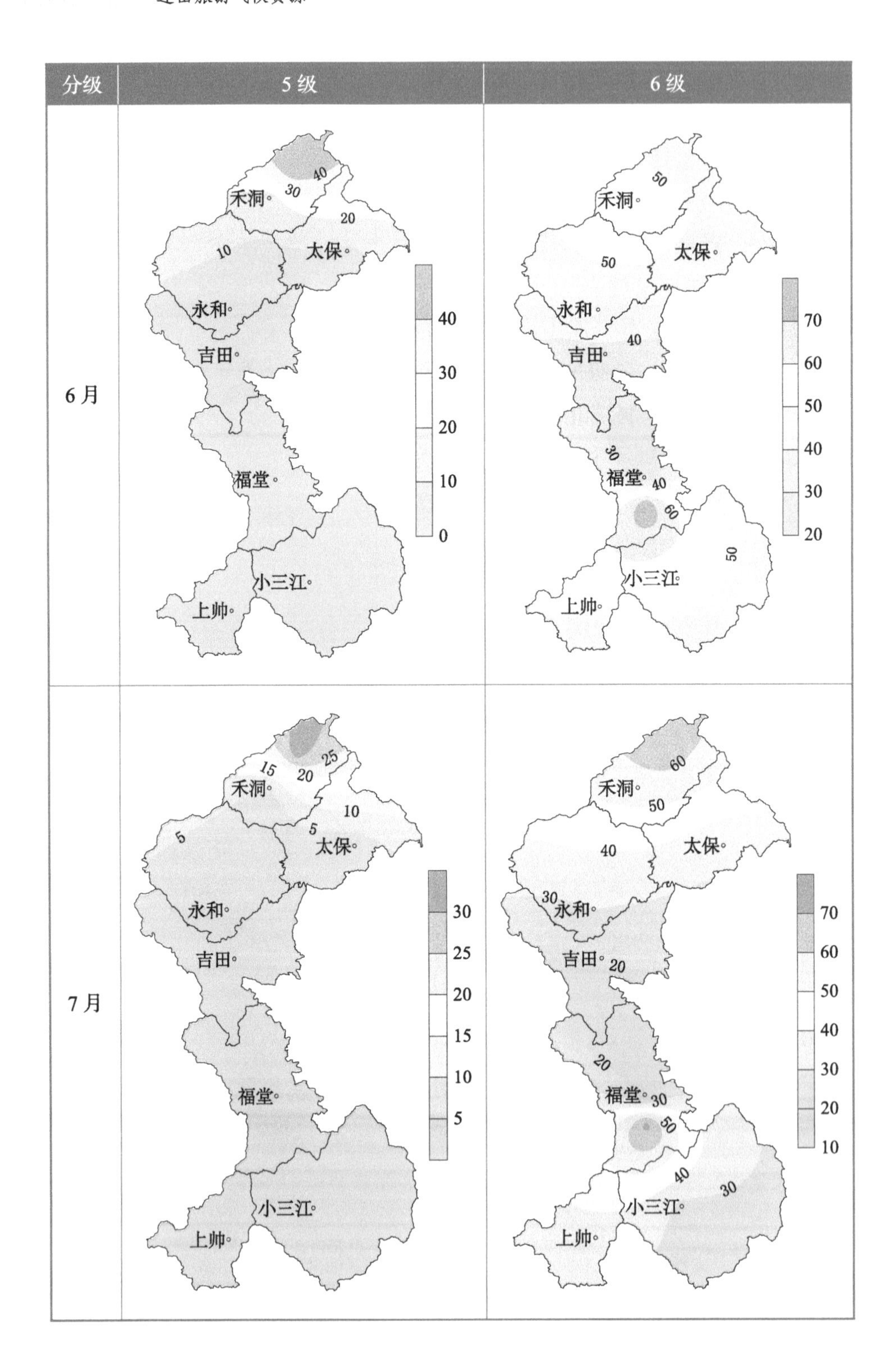
分级
5级
6级
6月
7月
禾洞
太保
永和
吉田
福堂
小三江
上帅
40
30
20
10
0
70
60
50
25
15
5

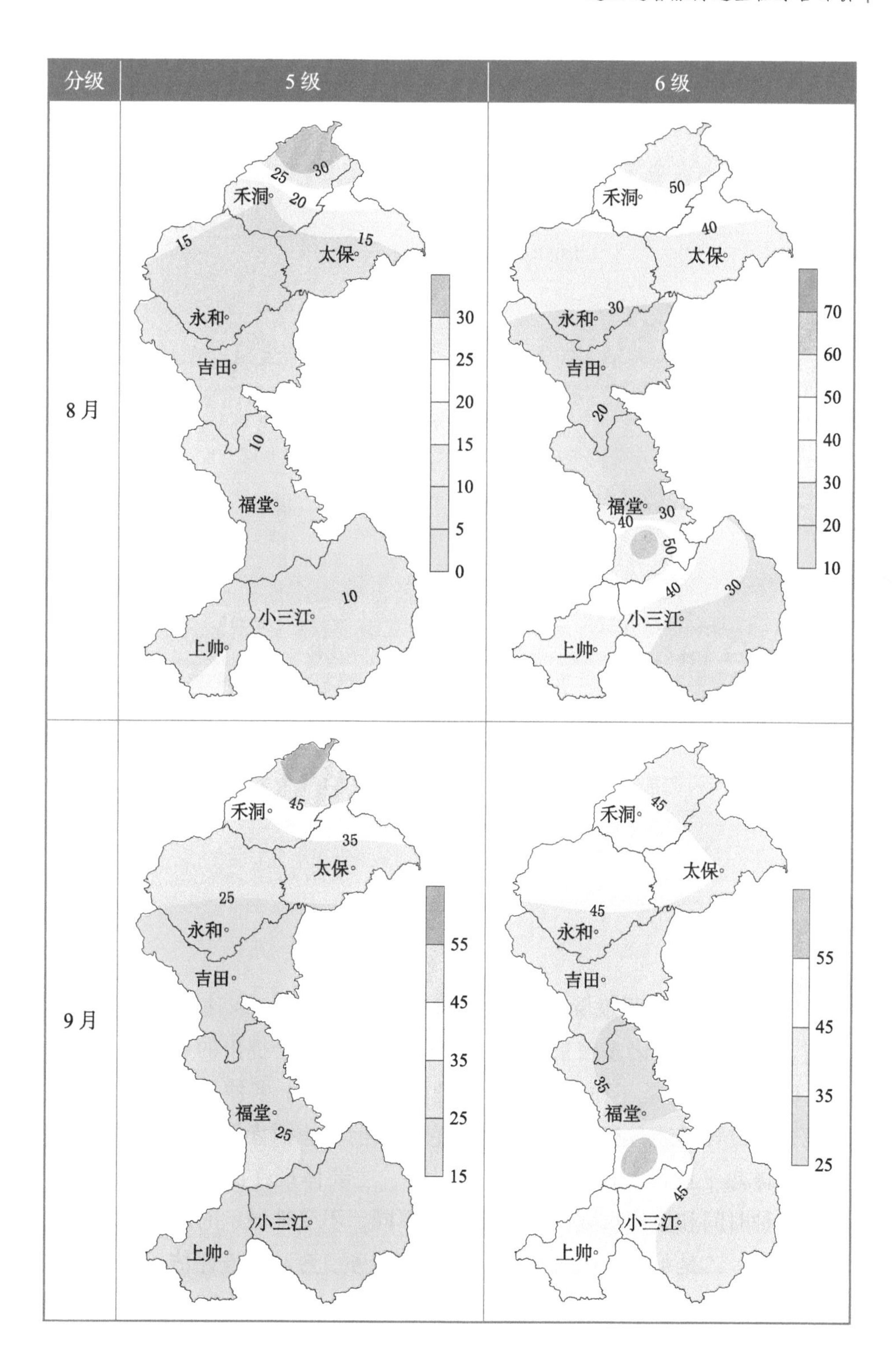
分级
5级
6级
8月
9月
禾洞
太保
永和
吉田
福堂
小三江
上帅
30
25
20
15
10
5
0
70
60
50
40
55
45
35

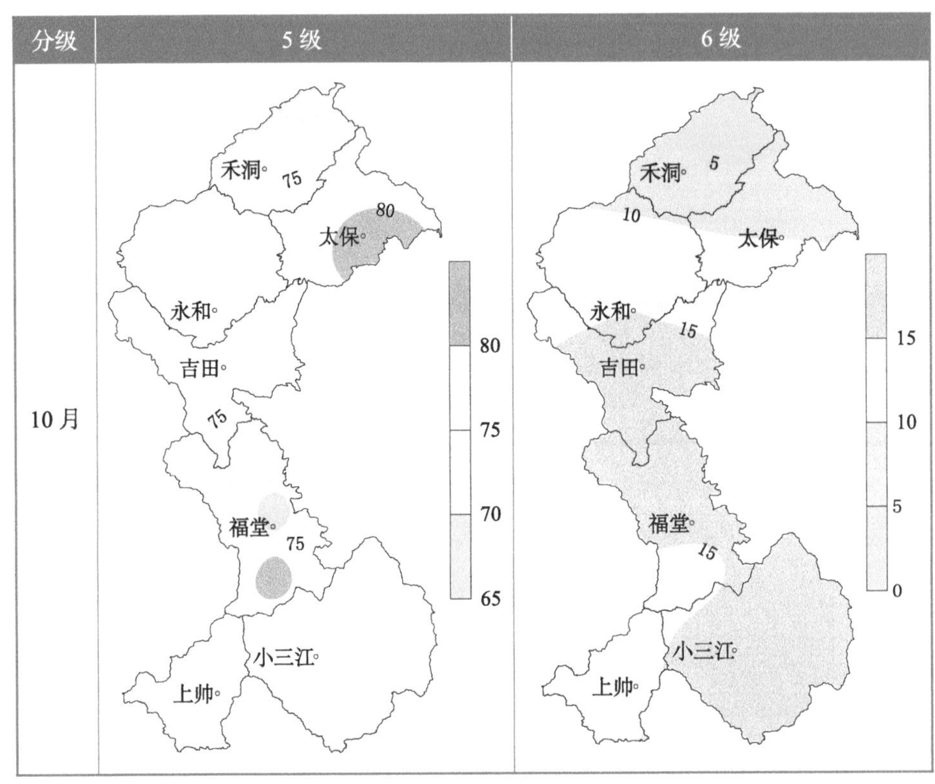

图 4-9　连山 2010—2019 年 5—10 月各月 BCMI 5～6 级概率（%）分布图

4.2　连山5—10月通用热气候指数（UTCI）分析

人体冷热舒适程度除受气温影响外，还与湿度、风速、辐射及人体代谢、服装热阻等诸多因素有关。国际生物气象学会提出的通用热气候指数（UTCI）模型是一种多节点热生理模型，适用于多种气候类型，对热环境变化过程描述具有很好的优势，它是当前考虑因素最全面、最具普适性的人体热平衡机理模型。所谓"通用"，主要体现在两个方面：一是适用于各种时间和空间尺度，与经验模型不同，不受地域、时间、人种等因素的限制；二是可以广泛应用于城市气象服务、劳动环境评估、区域及旅游规划等各个领域。该模型主要包含两个模块，即 Fiala 模型（人体热生理模型）和服装模型（图 4-10）。UTCI 模型以气象资料为基础，模拟基于标准参照环境的实际热环境下的人体感知温度，其中标准参照环境被定义为：①气象因子。环境辐射温度等于气温，地面上方 10 米处风速为 0.5 米 / 秒，相对湿度为 50%；②非气象因子。步行速度为 4 千米 / 小时的成年男子（人体代谢率为 135 瓦 / 米^2）。其计算结果可通过 BioKlima 2.6 软件实现，该软件集成了迄今应用广泛的多种人体舒适度模型。

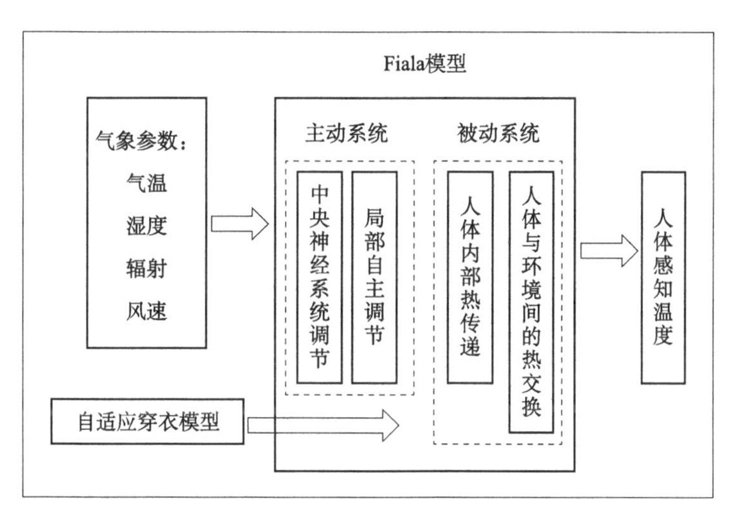

图 4-10　UTCI 模型结构

UTCI 模型中的大多数要素可直接观测，只有平均辐射度不能从资料中直接获取，但可以通过将日照百分比和 100% 的差值作为近似云覆盖总量用以代替，Hoyt 论证了其合理性，UTCI 模型的具体表达式为：

$$I_{UTC}=f(T_a,\ T_{mrt},\ V_a,\ R_H)$$

式中，I_{UTC} 表示通用热气候指数；T_a 为平均气温（℃）；T_{mrt} 为平均辐射温度（℃）；V_a 为平均 10 米风速（米 / 秒）；R_H 为相对湿度（%）。UTCI 模型中，气候舒适度等级一般是将人体感知温度分为 10 级（表 4-2），其中人体感知温度在 9～26 ℃为“舒适”区间，在该“舒适”范围内，人体皮肤温度几乎无变化，人体热调节基本处于稳定状态，人体热平衡模型中“人体蓄热率”接近于零，人体感觉舒适，因此，将满足该区间的冷热舒适条件作为避暑型气候的一个基本参照条件。

表 4-2　UTCI 人体感知温度的气候舒适度等级划分

人体感知温度 /℃	人体感觉	人体感知温度 /℃	人体感觉
＞46	极热	0～9	凉
38～46	很热	-13～0	较冷
32～38	热	-27～-13	冷
26～32	较热	-40～-27	很冷
9～26	舒适	≤-40	极冷

利用连山 2010—2019 年气象观测数据，根据 UTCI 模型计算得到连山 5—10 月逐日 UTCI 值。根据 UTCI 的评价分级标准，从连山 2010—2019 年 5—10 月 UTCI 年平均适宜天数占比（图 4-11）和综合得分指数分布（图 4-12）可知，连山 2010—2019 年 5—10 月年舒适天数占比达 93.5%（约 172 天），连山大部均为气候舒适区，其中禾洞镇、吉田镇东部、福堂镇南部以及上帅镇局部等地舒适天数占比达 90% 以上。另外，从综合得分指数分布可以看出，禾洞镇、永和镇北部、太保镇大部等地较连山其他地方更适宜进行避暑休闲活动。

4.3　连山5—10月避暑旅游适宜性区划

近年来，随着全球气候变暖，夏季极端高温日数和热浪天气日数呈明显递增趋势，气温的升高和城市热岛效应的加剧使中国大部分地区夏季呈现出高温“火炉”状态，炎热的气候环境使得人们对避暑旅游资源的需求不断增加，避暑旅游也相应地呈现出“井喷式”发展。气候舒适度是衡量避暑旅游是否适宜的最基本的指标，人体对气象环境的感知即气候舒适度，通常指人们无须借助任何消寒、避暑装备与设施就能保证生理过程的正常进行、感觉刚好适宜且无需调节的气候条件。

人体舒适的感知度不仅与气温、风速、相对湿度和云量有关，还与其他环境因素有关。因此，避暑气候宜居评价要考虑气候舒适度、森林覆盖率、空气质量、海拔高度等多重因素。根据各评价指标分析，分别得到气

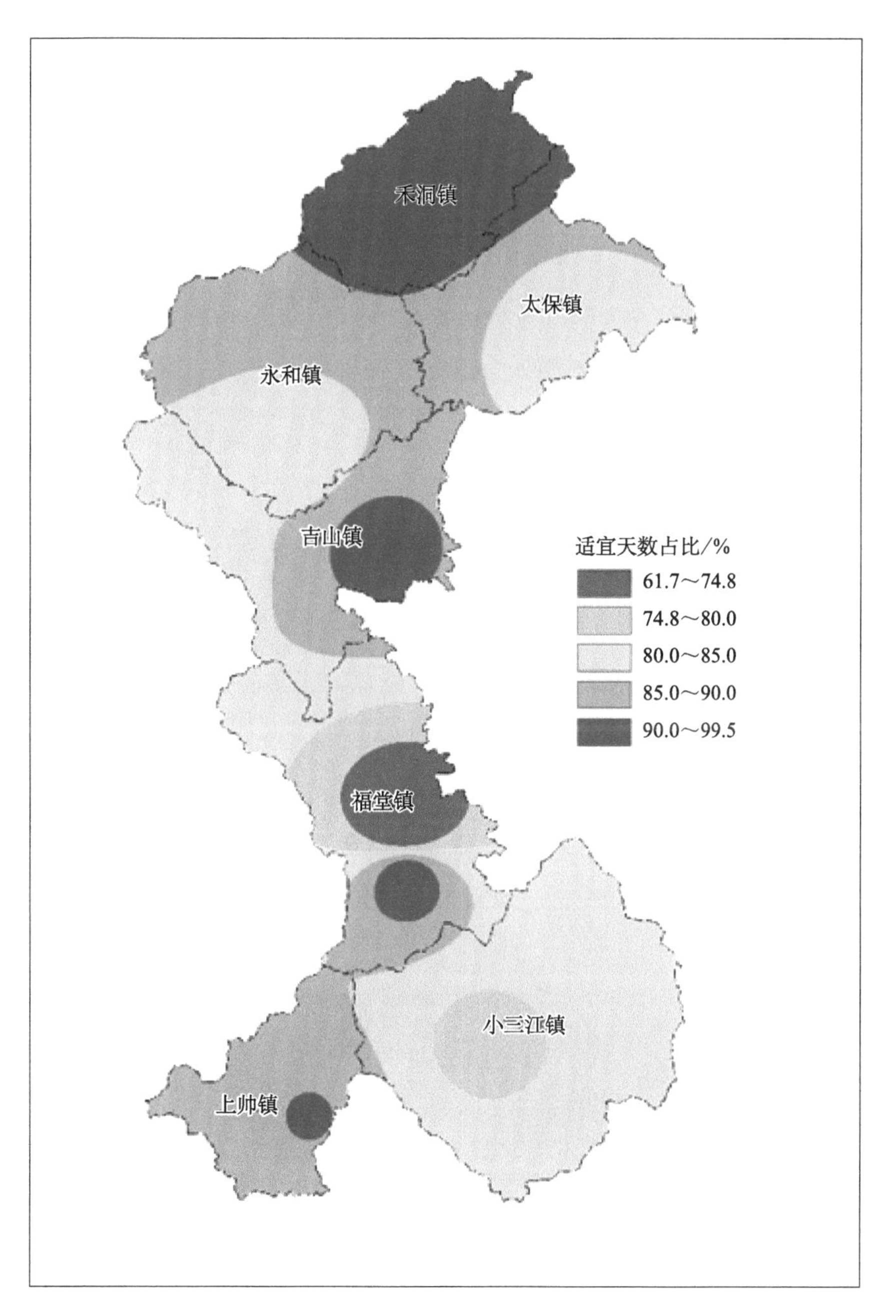

图 4-11 连山 2010—2019 年 5—10 月 UTCI 年平均适宜天数占比

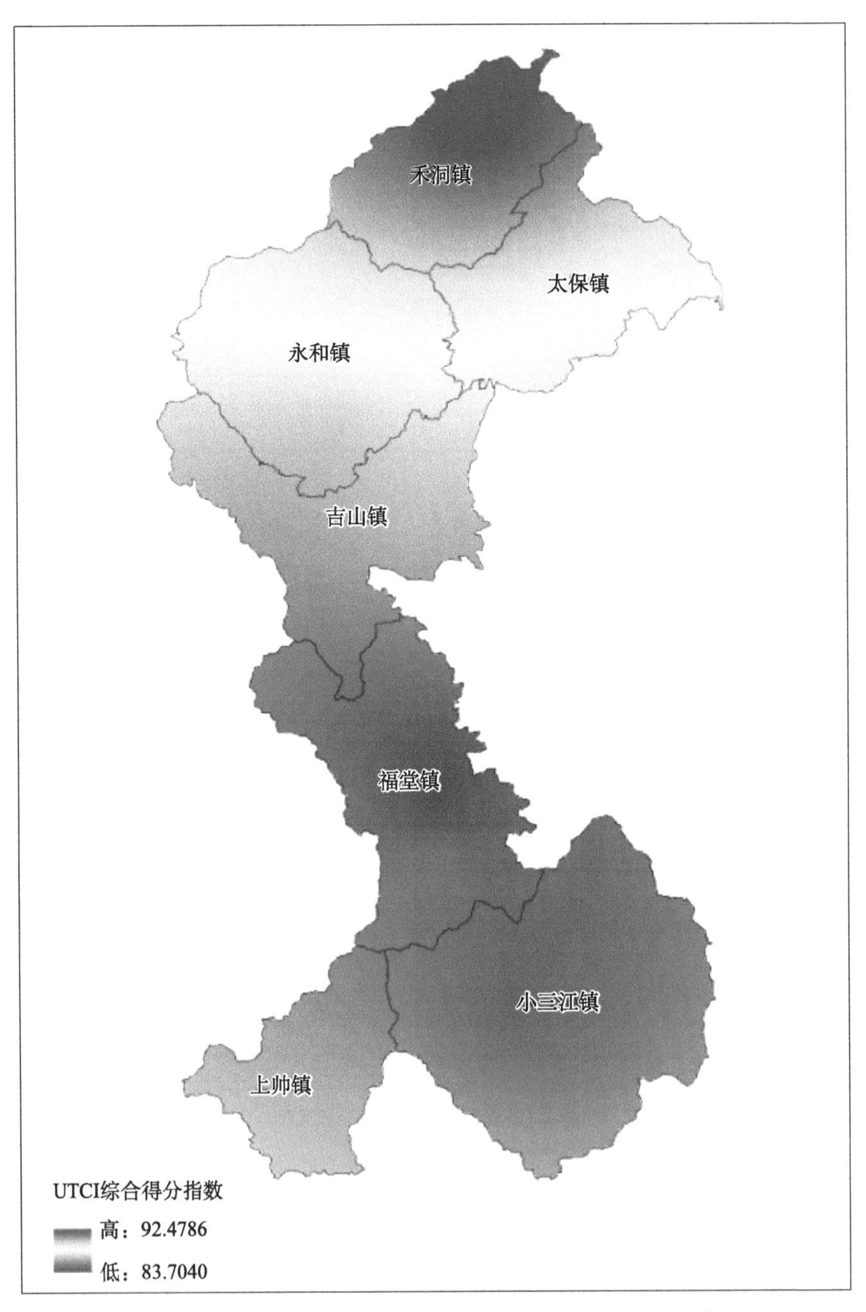

图 4-12　连山 2010—2019 年 5—10 月 UTCI 年平均综合得分指数分布

候舒适度、土地利用情况、海拔高度3个指标30米 ×30米的栅格数据，运用ArcGIS空间分析中的栅格计算器工具，通过综合加权模型，适宜避暑地 = 气候舒适度 ×0.7+ 土地利用 ×0.1+ 海拔高度 ×0.2，计算得到连山避暑地适宜性状况，最后把连山适宜避暑地分布区域分为最适宜避暑区域、适宜避暑区域、较适宜避暑区域和不适宜避暑区域4个等级。

依据避暑适宜性划分标准，利用ArcGIS软件对全县避暑适宜性情况进行统计。统计结果显示（表4-3）：从总量上来看，适宜避暑区域总面积为1186.32平方千米，占连山总面积的97.36%。其中最适宜区域总面积为512.93平方千米，占适宜避暑地总量的42.10%，主要集中在禾洞镇大部，太保镇的北部和西部地区，永和镇的北部。适宜区541.52平方千米，占连山总面积的44.44%, 主要分布在永和镇的中南部，太保镇的中南部，吉田镇（除城区）、福堂镇（除中部），上帅镇的中东部及小三江镇的东西两翼区域。较适宜区131.87平方千米，占连山总面积的10.82%，主要分布在吉田镇的中部，福堂镇的中部，上帅镇的东部、小三江镇平地周边区域。不适宜区域总面积为32.14平方千米，仅占连山总面积的2.64%，主要分布在小三江镇中部的平地区域。

表4-3　连山适宜避暑地统计表

等级	面积 / 平方千米	占比 / %
最适宜区	512.93	42.10
适宜区	541.52	44.44
较适宜区	131.87	10.82
不适宜区	32.14	2.64

从连山避暑旅游目的地分布来看（图4-13～图4-16），最佳避暑旅游目的地主要包括金子山旅游风景区、皇后山茶庄园、雾山梯田等。适宜避暑旅游目的地还有鹰扬关景区、福林苑景区、大旭山瀑布群风景区、大风坑生态旅游度假区、三江花海温泉小镇等。

根据连山多年5月1日—10月31日逐日BCMI变化可知（图4-17），此期间连山BCMI在60～77，处在5级（最为舒适）、6级（大部分人舒适）、7级（少部分人不舒适）3个级别间，总体来看，连山避暑气候条件较为优越。最为舒适（BCMI 5 级）的时间在 5 月上旬和中旬前期、9 月下旬末至 10 月；大部分人舒适（BCMI 6 级）的时间在 5 月中旬后期至 6 月中旬、8 月下旬至 9 月下旬末；少部分人不舒适（BCMI 7 级）的时间在 6 月下旬至 8 月下旬的部分时间段。

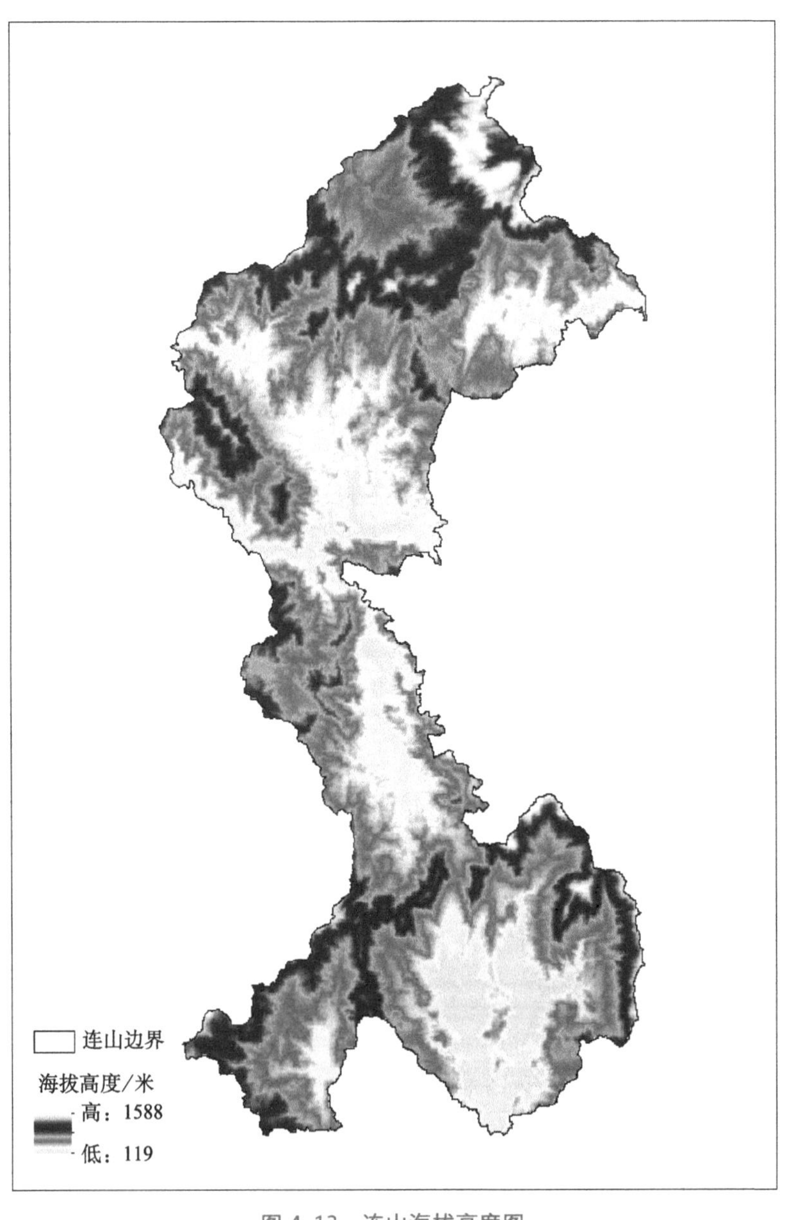

图 4-13　连山海拔高度图

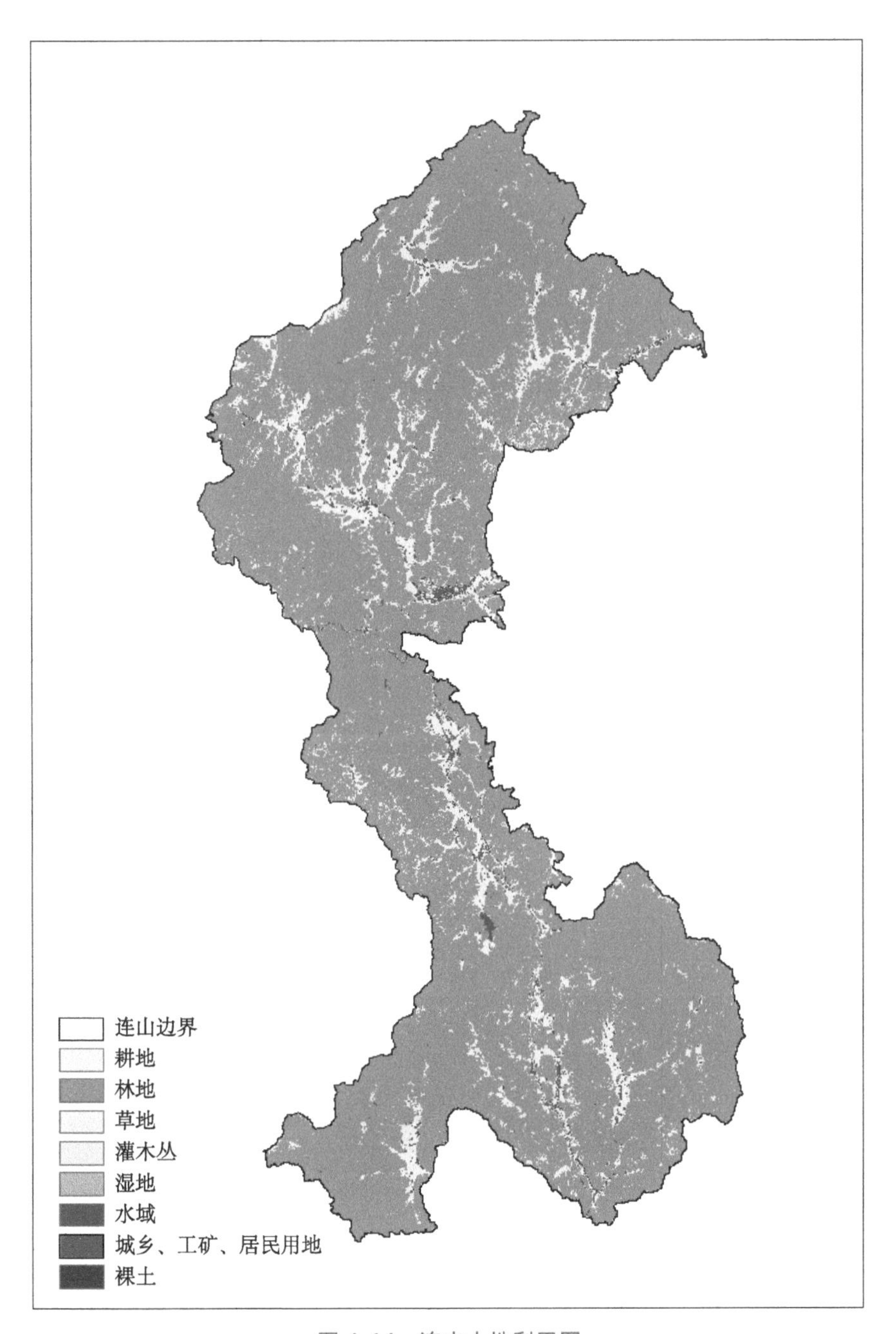

图 4-14　连山土地利用图

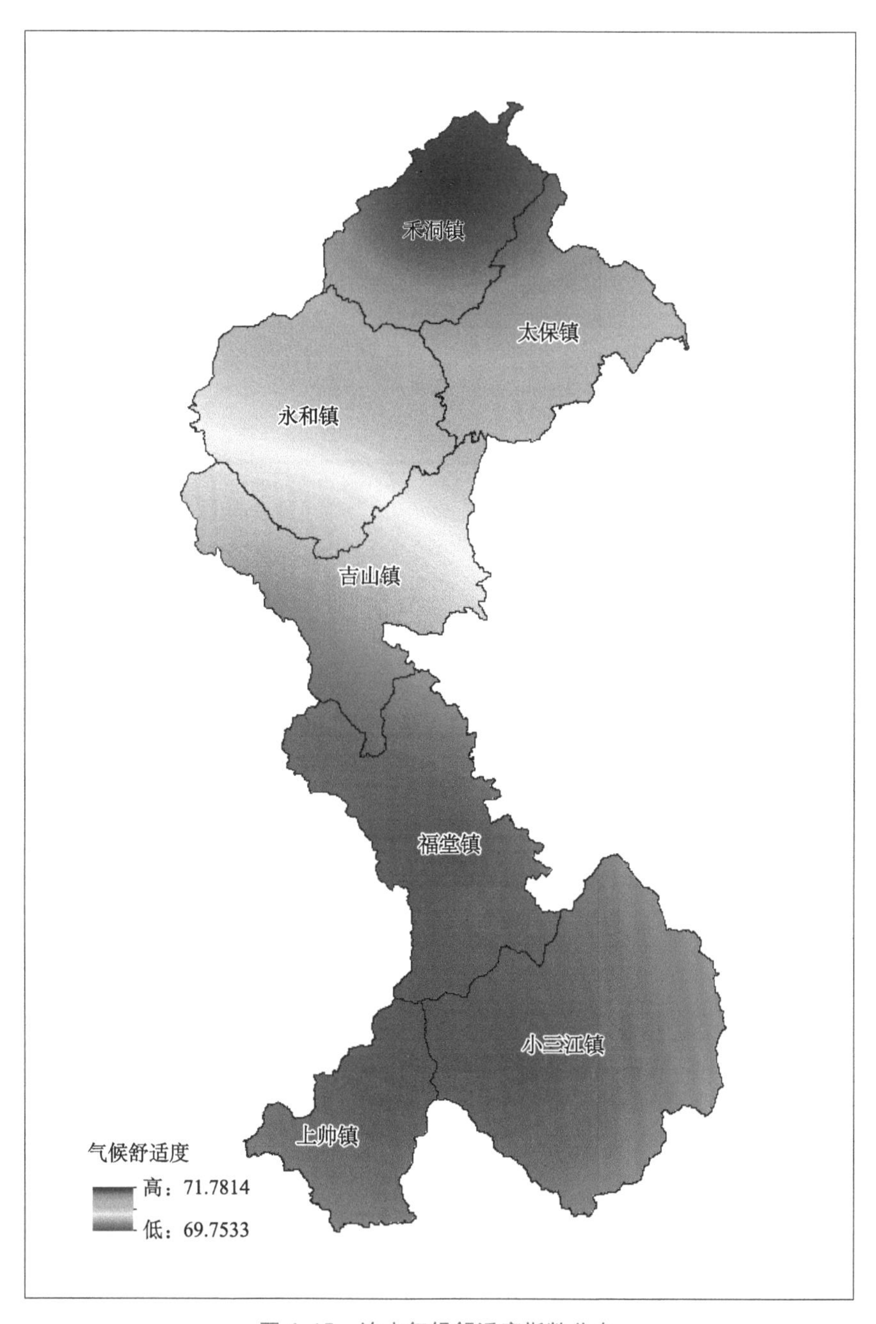

图 4-15　连山气候舒适度指数分布

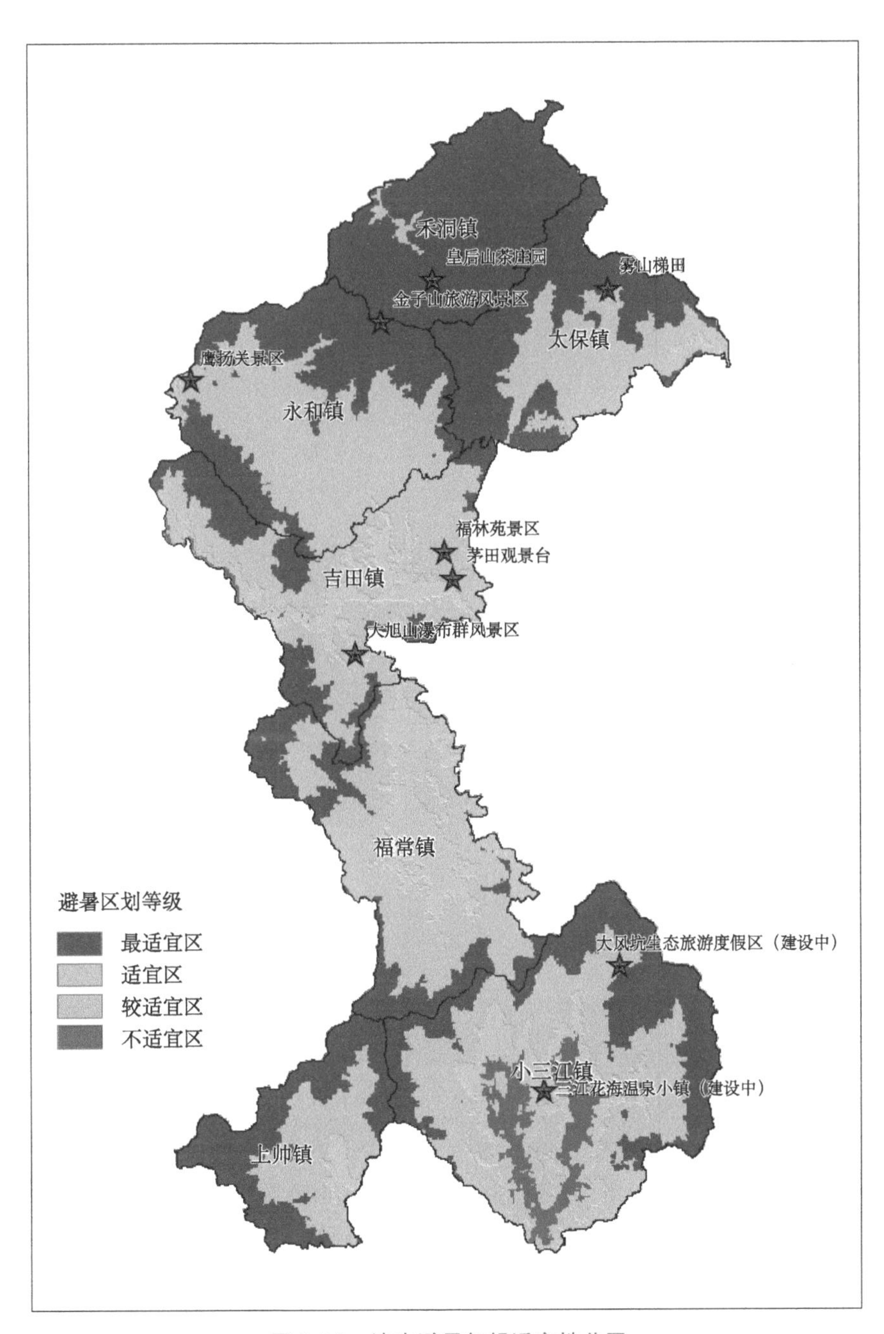

图 4-16　连山避暑气候适宜性分区

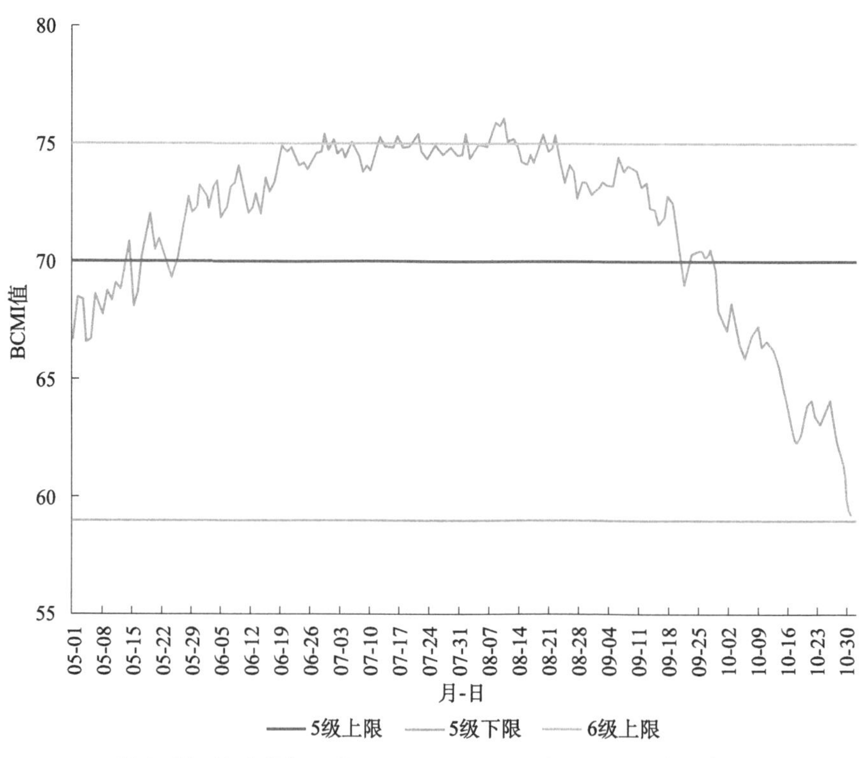

图 4-17 连山多年 5 月 1 日至 10 月 31 日逐日 BCMI 指数变化

4.4 连山避暑旅游适宜性综合优度对比

4.4.1 人体舒适度气象指数（BCMI）对比

2010—2019 年 5—10 月，广东各地 BCMI 4 级、5 级、6 级（BCMI 4 级指偏冷、大部分人舒适，5 级为最为舒适，6 级为偏暖、大部分人舒适）合计概率在 38%～82%（70～151 天），连山最大，达 82%（151 天）。若仅看 BCMI 5 级、6 级合计概率，连山以 80%（147 天）的概率位居各地榜首（图 4-18）。

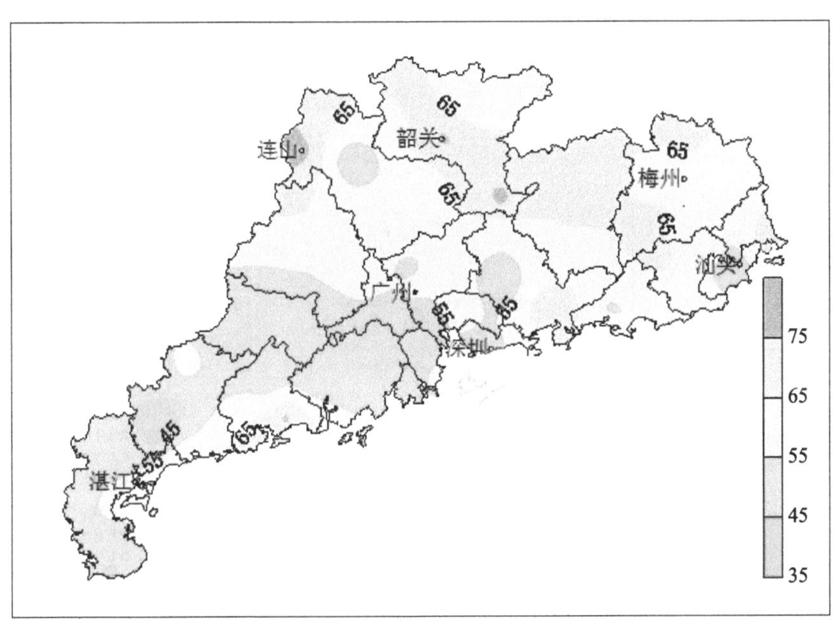

图 4-18　广东省 2010—2019 年 5—10 月 BCMI 5～6 级概率分布（%）

4.4.2　通用热气候指数（UTCI）对比

利用广东省 2010—2019 年气象观测数据，根据 UTCI 模型计算得出广东省 5—10 月逐日 UTCI 值。根据 UTCI 的评价分级标准，与广东省其他市（县）的 2010—2019 年 5—10 月 UTCI 年平均适宜天数占比和综合得分指数分布比较来看，连山年均适宜避暑天数占比位居全省首位，UTCI 综合得分在全省 86 个市（县）中位列第一（图 4-19）。

4.4.3　海拔高度对比分析

气温是气候舒适度的基础指标，然而不同海拔高度气温会随着高度的变化而出现垂直变化，海拔每升高 1 千米，气温就下降 6 ℃，海拔越高，夏季气候越凉爽，因此，一个地区的海拔高度也是影响避暑旅游适宜性的重要因素。与广东省 123 个市（县）比较而言，连山平均海拔以 625.1 米排名第三位（图 4-20）。

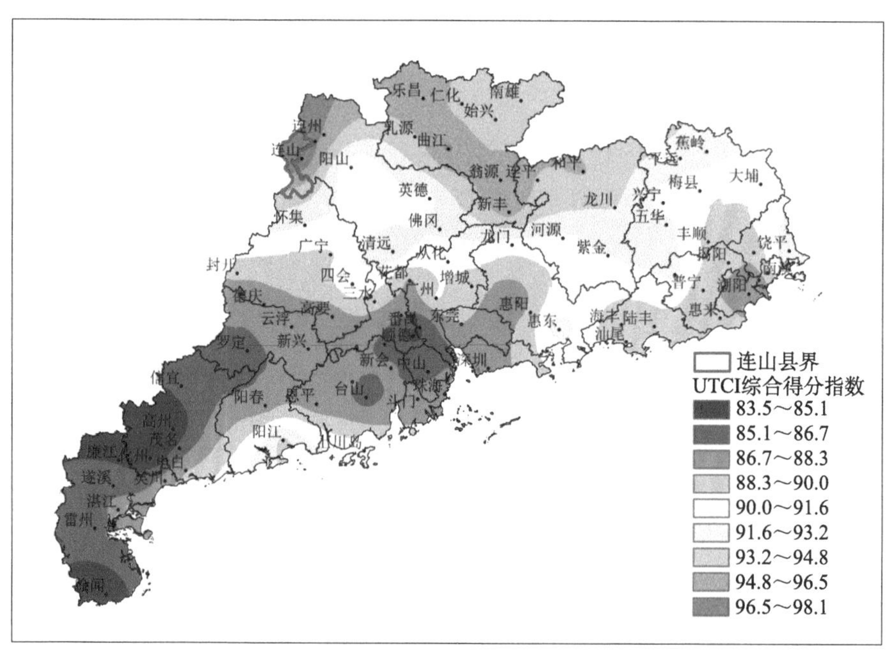

图 4-19　广东省 2010—2019 年 5—10 月 UTCI 年平均综合得分指数分布

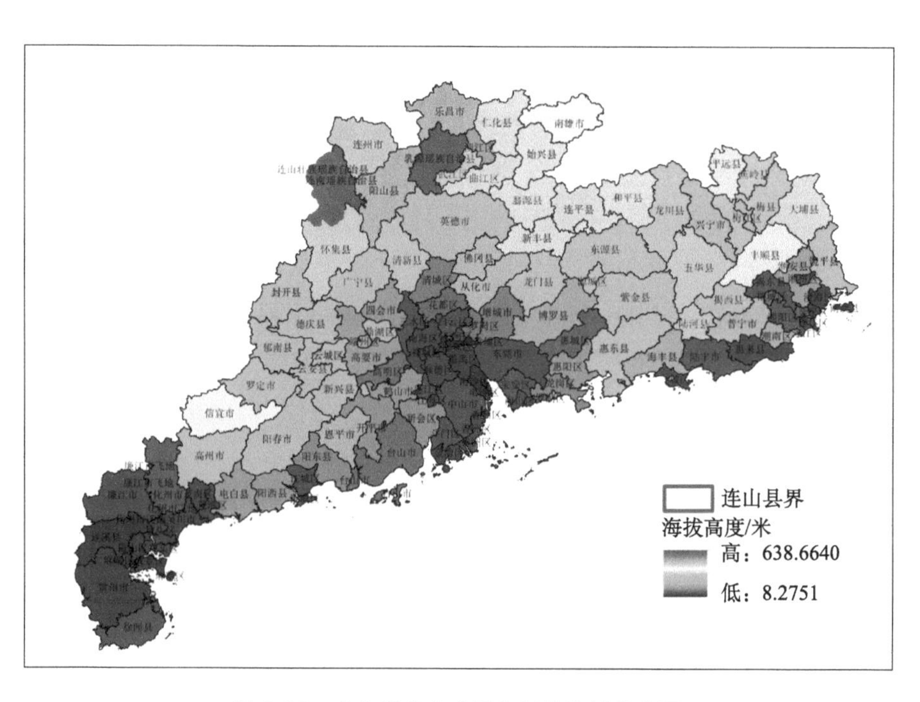

图 4-20　广东省各市（县）平均海拔分布图

4.4.4 生态环境指标对比

从2016—2018年广东省125个市（县）的生态环境状况指数（EI）分布来看（图4-21），连山的生态环境状况指数以87.7在全省各市（县）排名中名列第六，仅次于大鹏新区、南澳、惠东、蕉岭、新丰。根据分级标准，连山区域环境质量为“优”，植被覆盖度高，生物多样性丰富，生态系统稳定。

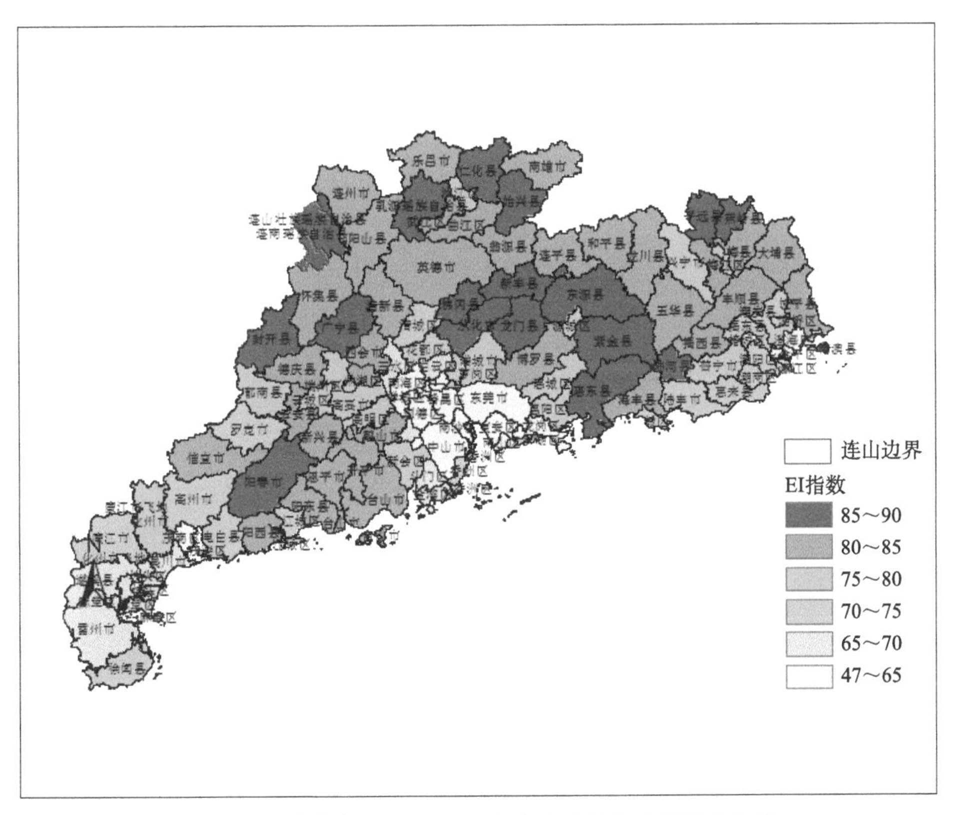

图4-21 广东省2016—2018年各市（县）EI指数分布图

依据《环境空气质量标准》（GB3095—2012），同时考虑到数据获取的可行性和准确性，选取2016—2019年平均空气质量优良率作为评价环境空气质量的指标（表4-4）。分别在广东省21个地级市中挑选一个生态环境状况指数较好的市（县），统计分析选出21市（县）的年平均空气质量优良率可知，连山在全省排名中处于第六名，空气质量较优。

表 4-4　广东省 21 个市（县）空气优良天数比例排名

排名	地级市	市（县）	空气质量优良率 /%
1	湛江	徐闻	99.9
2	肇庆	封开	98.0
3	梅州	蕉岭	97.8
4	揭阳	揭西	97.7
5	茂名	信宜	97.5
6	清远	连山	97.4
7	韶关	新丰	97.1
8	河源	连平	96.9
9	汕头	南澳	96.2
10	阳江	阳春	95.7
11	云浮	新兴	95.6
12	广州	从化	95.1
13	潮州	潮州	93.7
14	惠州	惠东	93.1
15	深圳	深圳	93.1
16	汕尾	陆河	90.5
17	珠海	珠海	88.7
18	江门	新会	84.3
19	中山	中山	84.1
20	东莞	东莞	81.1
21	佛山	佛山	80.1

4.4.5　连山 5—10 月避暑旅游适宜性综合优度对比

综合连山避暑旅游适宜性的各项指标，根据专家打分法以及相关参考文献，先对每项指标进行标准化处理，然后赋予各项指标因子权重，气候指标（A）、地形指标（B）和生态环境指标（C）权重系数分别为 61.6%、14.0% 和 24.4%，其中气候指标中 UTCI 和 BCMI 进行等权重处理，生态环境指标中EI和空气质量优良率分别按65.2%和34.8%进行加权平均，由此建立避暑旅游适宜性综合评价指数（I），具体公式为：

$$I=0.616A+0.14B+0.244C$$

式中，A、B、C分别代表气候指标、地形指标和生态环境指标，分别赋予权重0.616、0.140、0.244，其中气候指标A中两个指数（A_1代表UTCI，A_2代表BCMI）进行等权重处理，生态指标C中EI（用C_1表示）和空气质量优良率（用C_2表示）分别按0.652和0.348进行加权平均：

$$A=0.5A_1+0.5A_2$$

$$C=0.652C_1+0.348C_2$$

另外，代入计算前各指标均经过比值标准化处理，公式为：

$$X_b=(C_i/X_{\max})\times 100$$

式中，X_b为标准化指标值，C_i为各市（县）指标值，$X_{\max}$为各市（县）指标值中的最大值。

将广东省21个市（县）各项避暑指标和综合指标统一经过标准化处理后以百分制表示绘制成表4-5。在广东省内比较，连山的避暑旅游适宜性综合评价指数位居首位，连山的生态环境指标优势较为突出。总体而言，连山避暑旅游适宜性在广东省内比较而言，气候条件指标占优，海拔高度适宜，生态环境指标优良，避暑旅游适宜性综合优势突出。

表4-5 广东省内避暑旅游适宜性综合优度对比

排名	市（县）	气候指标（A）		地形指标（B）	生态环境指标（C）		避暑适宜性综合评价指数（I）
		UTCI	BCMI		EI	空气质量	
1	连山	100	100	100	97	97	99
2	新丰	95	95	72	98	97	93
3	连平	85	85	72	93	97	89
4	惠东	91	91	31	99	93	85
4	蕉岭	83	83	50	98	98	85
6	陆河	84	84	49	96	91	84
6	揭西	84	84	44	92	98	84

续表

排名	市（县）	气候指标（*A*）		地形指标（*B*）	生态环境指标（*C*）		避暑适宜性综合评价指数（*I*）
		UTCI	BCMI		EI	空气质量	
7	信宜	70	70	68	92	98	80
8	从化	71	71	37	95	95	78
9	南澳	78	78	7	100	96	77
9	封开	71	71	31	96	98	77
10	潮州	77	77	22	83	94	76
11	阳春	62	62	38	95	96	74
11	新兴	65	65	34	90	96	74
12	新会	65	65	18	85	84	70
12	珠海	70	70	9	78	89	70
13	东莞	74	74	9	68	81	69
14	深圳	62	62	14	75	93	68
15	佛山	70	70	10	69	80	67
16	中山	63	63	10	72	84	66
17	徐闻	54	54	10	78	100	65

0～10　11～20　21～30　31～40　41～50　51～60　61～70　71～80　81～90　91～100

第5章

连山气候景观

图 5-1　优美连山（来源：连山壮族瑶族自治县人民政府网站）

连山气候温和，热量丰富，雨量充沛，水系发达，溪流纵横。优异的气候禀赋和自然的地理条件，不仅造就了连山优美的生态环境，也使之拥有了丰富独特的气候景观（图 5-1）。

5.1　气候景观丰富多彩

冰雪：金子山最高峰海拔 1417 米，拥有南方少有的冰雪资源，冬春两季年年降雪。由于春冬常降雪结冰，金子山被称为广东的“玉龙雪山”与岭南最佳欣赏冰雪的景区。金子山遇到冰雪就成为了冬天的童话世界，半山以上白茫茫的一片，冰雪将金子山冻住了，直接把金子山冻成冰美人（图 5-2）。台阶上、竹林间、树枝上均积满了雾凇，溪流、瀑布、岩石上悬着冰挂，雪花、雾凇和冰挂构成了“林海雪原”一般的奇异景观。金子山最佳赏雪时间为 1 月。

图 5-2　金子山雪景（来源：连山壮族瑶族自治县人民政府网站）

雾凇：雾凇是由于雾中无数 0 ℃以下而尚未结冰的雾滴随风在树枝等物体上不断积聚冻粘的结果，是一种类似霜降的自然现象，更是一种冰雪美景。雾凇是在严寒季节里，空气中过于饱和的水汽遇冷凝华而成的自然奇观。冬季昼夜温差大，是雾凇景观形成的主要原因。金子山山高气温低，常出现雾凇景观。瑰丽的雾凇景观随处可见，一片晶莹洁白，银装素裹，分外妖娆。雪花裹着的依然是翠绿的松针，犹如盛开的梨花；已经掉光了叶子的树枝因为披上了雪花或冰凌，成为了琼枝玉树，变得晶莹清澈（图 5-3）。

图 5-3　金子山雾凇奇观（来源：视觉中国）

冰瀑：冰瀑是因天气寒冷，水流到低于 0 ℃的地表后与岩石冻结而形成的一种自然现象。高山处的水流瀑布在冬季流水结冰后层层叠叠，形成冰瀑，形状各异的冰凌和冰挂晶莹剔透，景色如梦如幻（图 5-4）。

云海：连山降水丰沛，四季湿润，加之地形以山地、丘陵为主，因而多雾，常常出现云雾缭绕的美景。当人们在高山之巅俯瞰云层时，看到的是漫无边际的云，如临于大海之滨，波起峰涌，浪花飞溅，惊涛拍岸。金子山经常出现云海雾山、日落火烧云奇观。云海或聚散山顶，排山倒海；或卧浮少动，五彩璀璨。如烟如雪的云海飘在千峰万壑之间，在黛青色的山峦映衬下，波澜起伏、浩瀚似海、宏伟壮观。傍晚时分，在落日映衬下的云海如同火红的浪在翻滚，煞是壮观（图 5-5 和图 5-6）。6—7 月的金子山是观赏云海的绝佳时机。

图 5-4　金子山冰瀑（来源：视觉中国）

图 5-5　云雾缭绕金子山“仙翁醉酒”（来源：连山壮族瑶族自治县人民政府网站）

图 5-6　金子山云海美如仙境（来源：连山壮族瑶族自治县人民政府网站）

5.2　山水景观奇异优美

金子山风景区　金子山旅游风景区是连山第一个国家 3A 级旅游风景区（图 5-7），是集自驾车游接待基地、登高运动、观光览胜、探险猎奇、度假休闲、生态旅游功能于一身的综合性休闲旅游度假景区。景区有着独特而优美的自然风光，除具有“奇峰、怪石、云海、冰雪、瀑布、古树、日出、晚霞、杜鹃、翠竹”等原生态的自然景观之外，还有罕见的阴阳天体山和大明皇太后李唐妹化身的“皇后峰”。金子山瀑布成群，竹涛阵阵，万花舞莺，气息怡人。春可看山花烂漫，夏可观日出云海，秋可览三省风光，冬可赏罕见雾凇，是登高览胜、探险猎奇、避暑养生、休闲度假的绝佳去处。

图 5-7　金子山的四季美景（来源：连山壮族瑶族自治县人民政府网站）

大旭山瀑布群　大旭山瀑布群景区内山路连绵，山高林密，野蕉林茂，古藤缠树，瀑布成群，溪水清冽，水似银帘，潭如绿绸，有“广东九寨沟”和“岭南西双版纳”的美誉（图 5-8）。行走在大旭山之中，尤其是在瀑布旁边，习习凉风伴随着丰富的负氧离子，无意中就享受了清爽的“植物精气”浴，吸之如同洗肺，令人疲倦顿消、精神倍增，是都市人的“忘忧谷”，是山与水的最佳结合，也是人和自然最和谐的地方。

雾山梯田　大雾山海拔 1659.3 米，为连山最高山峰，被称为“广东岭南屋脊”，山顶常年云雾缭绕，每到冬季有积雪，是赏雪拍雪的好去处。大雾山脚下有大片梯田，统称雾山梯田（图 5-9），是连山新八景之一，也是广东省规模最大的原生态梯田。雾山梯田田埂曲线优美，如美丽的裙

图 5-8　大旭山瀑布（来源：连山壮族瑶族自治县人民政府网站）

图 5-9　大雾山梯田之春与夏（来源：连山壮族瑶族自治县人民政府网站）

带，随着季节的转换，梯田呈现不同景观，春天银光片片，夏天禾苗叠翠，秋天稻浪涌金，是休闲观光、体验田园生活的好地方，也是农业观光与乡村休闲度假的胜地，更是广东最壮观、最美丽的梯田及摄影爱好者的乐园。

5.3 休闲度假旅游胜地

得益于丰富独特的旅游气候资源，近年来连山以自然风景观光、休闲养生度假、农家特色体验、历史文化追寻、红色经典传承等为主题的特色旅游发展迅速。

连山皇后山原生态观光茶庄园位于皇后山上，地处粤湘桂三省（区）交汇处，距湖南江华县 30 千米，距广西贺州市 90 千米，是粤湘桂三省区边界风光游的必经之地，地理位置优越，是以茶文化为主题打造的一个休闲养生度假胜地（图 5-10）。园区内设有采茶体验区、学习制茶体验馆、

图 5-10　皇后山原生态观光茶庄园（来源：连山壮族瑶族自治县人民政府网站）

茶艺体验馆和药浴茶汤池等，以春赏桃色映山红、夏品清溪化情浓、秋收硕果金满路、冬望凤凰跃雪峰的四季赏景特色及养生品氧、泡药浴茶汤、体验茶之趣、感受壮瑶风情为亮点，吸引各方游客。园区自创高山有机茶叶品牌“壮乡浓”已经过国家商标局认可获得品牌认证。

福林苑休闲景区位于连山县县城近郊。这里有广东省唯一的紧邻县城的原始生态保护林，古树林面积达 10 万平方米。连片的古树林既是当地的福林，更是连山美丽的风景线。这里的珍稀古树无数，昂然挺拔，葱茏青翠，历经数百春秋，常沾神州雨露，久吸天地灵气，春丽夏荣，秋媚冬苍，一派盎然生机，清景无限，进入福林苑，就如到了神话世界。在这里，还可聆听到纯朴的壮歌，参加民族村篝火晚会，欣赏婀娜多姿的国家级非物质文化遗产——连山瑶族小长鼓舞，可亲身参与活泼有趣的板鞋舞、竹竿舞。福林苑优越的生态环境配以古雅、奇特的壮瑶风情表演及各种民族竞技节目的展示，能使人在短时间内感受到连山浓郁的壮瑶民族风情。

茅田观景台位于连山县城茅田界半山腰，远眺平台，是翠绿青山中的一道点缀，雾雨天气时，更犹如画中仙境，成为了连山的一道亮丽风景。站在平台的观光亭上，可以居高临下鸟瞰连山县城全景，一览山城的美丽风光，皓月星空、缭绕白云近在咫尺，令人心情愉悦、心潮澎湃。夜晚在此俯瞰山城夜景，犹如在享受一场视觉盛宴，灯火通明、流光溢彩，景色美不胜收。该观景台无论周末休闲、中秋赏月或观看日出日落都是最佳场所，是连山县观光旅游的一个胜地（图 5-11）。

鹰扬关景区地处连山西北角、粤湘桂三省（区）交汇处。鹰扬关景区有国务院竖立的“两广” 1 号界碑，可“一脚踏三省”，能尽览三省（区）边城之风光。该关地势险要，历来为兵家必争之地，北宋名将岳飞曾经过此关，太平天国石达开曾率兵在此关激战三天三夜并留下了“太平天国古战场与三十六坟”遗址；邓小平领导的红七军于 1931 年曾路过此关，并设有战壕、堡垒等。该景区先后被定为爱国主义教育基地、清远市国防教育基地、广东省红色旅游景区（图 5-12）。

图 5-11　茅田观景台（来源：连山壮族瑶族自治县人民政府网站）

图 5-12　红色旅游景区——鹰扬关（来源：连山壮族瑶族自治县人民政府网站）

第6章

结论与建议

连山位于广东省西北部，地处南岭五岭之一的萌诸山脉，为粤湘桂“三省边城”，气候处于中亚热带和南亚热带的过渡带，正是由于特殊的过渡边缘地带，境内气候资源丰富，特色气候造就了连山自然景观、生物品种、物产的多样性，拥有“青山、绿地、碧水、蓝天”的优美环境，为休闲养生和旅游观光提供了得天独厚的气候条件。

1. 气候禀赋优越，舒适宜人。连山地处南岭山脉西南麓，是粤北的天然生态屏障。季风气候明显，四季分明，夏凉秋爽，冬雪春润，小风多，昼夜温差大；雨量充沛，微风和煦，日照温和，气候风险整体相对较低，防御体系完善；气候资源丰富，气候景观多样，亚热带森林景色优美，全县山地面积占86.6%，立体气候较为明显，气候生态潜力大。旅游和度假气候禀赋优越，全年各月均为适宜旅游舒适期，舒适度指数在4～6级的总天数达到277天，为Ⅰ类适宜旅游地区。

2. 生态环境优良，空气清新。连山森林覆盖率86.2%，位居全省首位，是国家重点生态功能区、省定生态发展区，国家重点保护珍稀动植物品种繁多，生态资源丰富，生物多样性良好。全县生态环境状况指数平均值为87.7，均处于优等，生态系统稳定，生态环境质量不断趋好；大气自净能力较强，空气质量优良，优良率达97.4%，污染物浓度均达到国家二级标准；国省考断面水质达国家Ⅱ类水标准；县域内负氧离子浓度高，平均负氧离子浓度均在2000个/厘米^{3}以上，乡村田野负氧离子含量浓度平均值在4000个/厘米^{3}以上，大旭山等自然保护区负氧离子浓度平均值为1～2万个/厘米^3，最大瞬时值可达7～10万个/厘米^3。

3. 避暑旅游休闲条件优越。连山林茂水优，空气清新，物产丰富，交通便利，生态关联指标领先、气候关联指标占优，连山人体舒适度气象指数和热气候指数均位居广东全省首位，避暑适宜性综合评价指数居全省第一，综合避暑旅游休闲条件优势凸显，避暑旅游适宜性综合指数居于全省最佳，年平均气温为19℃，夏季平均最低气温比珠三角、沿海城市低8℃左右，是岭南避暑旅游休闲的好地方。连山97.4%以上区域面积适宜盛夏避暑，其中最适宜避暑区域面积占全县面积的42.1%，主要集中在禾洞镇、太保镇和永和镇，金子山旅游风景区、皇后山茶庄园、雾山梯田等是绝佳的避暑旅游目的地。

4. 民族风情浓郁，独具特色。连山壮瑶民族风情浓郁、民族节日独具特色，旅游资源丰富多样、种类齐全，覆盖观光旅游、度假旅游、专项旅游、生态旅游，山水、生态、农林等类型资源应有尽有，春夏秋冬各有特色，自然与人文资源交相辉映。

建议连山壮族瑶族自治县人民政府进一步聚焦粤港澳大湾区旅游市场，加大生态气候养生资源的开发利用力度，重点围绕生态气候特点，打造生态气候宜居县城；挖掘县域气候特色，丰富美丽城乡内涵；利用山区气候优势，提升美丽乡村形象。充分发挥生态气候资源作为旅游的重点资源，加快发展避暑旅游休闲产业。利用丰富山区小气候优势，加快发展多类型、多层次、多品种的立体农业和生态农业，促进民众从生态气候养生资源中“掘金”。

参考文献

安佑志，刘朝顺，施润和，等，2012. 基于 MODIS 时序数据的长江三角洲地区植被覆盖时空变化分析 [J]. 生态环境学报，21(12): 1923-1927.

陈慧，闫业超，岳书平，等，2015. 中国避暑型气候的地域类型及其时空分布特征 [J]. 地理科学进展，34(2): 175-184.

韩蓓蓓，陈兴全，李东，等，2014. 华山旅游气候舒适度时空变化分析 [J]. 气象与环境科学, 37(2): 80-84.

孔钦钦，郑景云，王新歌，2016. 1979—2014 年中国气候舒适度空间格局及时空变化 [J]. 资源科学，38(6): 1129-1139.

李秋，仲桂清，2005. 环渤海地区旅游气候资源评价 [J]. 干旱区资源与环境，19(2): 149-153.

李双双，杨赛霓，刘宪锋，等，2016. 1960—2014 年北京户外感知温度变化特征及其敏感性分析 [J]. 资源科学，38(1): 175-184.

李雪铭，刘敬华，2003. 我国主要城市人居环境适宜居住的气候因子综合评价 [J]. 经济地理, 23(5): 656-660.

林婉莹，2018. 气候舒适度对旅游活动的影响研究 [D]. 上海：上海师范大学 .

刘梅，于波，姚克敏，2002. 人体舒适度研究现状及其开发应用前景 [J]. 气象科技，1(30): 11-14.

刘新有，史正涛，唐姣艳，等，2008. 基尼系数在人居环境气候评价中的运用 [J]. 热带地理，28(1): 7-10，20.

刘逸，卢展晴，陈欣诺, 2019. 避暑旅游气候舒适度模型构建与应用 [J]. 中山大学学报（自然科学版），58(3): 22-31.

吕建树，刘洋，张祖陆，等, 2011. 鲁北滨海湿地生态旅游资源开发潜力评价及开发策略 [J]. 资源科学，33(9): 1788-1798.

马丽君，孙根年，王洁洁，2009. 中国东部沿海沿边城市旅游气候舒适度评价 [J]. 地理科学进展，28(5): 713-722.

马明国，王建，王雪梅，2006. 基于遥感的植被年际变化及其与气候关系研究进展 [J]. 遥感学报，10(3): 421-431.

彭贵康，康宁，李志强，等，2010. 青藏高原东坡一座生态优异四季舒适的城市——雅安市生物气象指标和生态质量气象评价 [J]. 高原山地气象研究，30(3): 36-42.

任学慧，李颖，王健，2013. 近 60a 北方沿海城市人居环境气候舒适性评价——以辽宁省为例 [J]. 自然资源学报，28(5): 811-821.

孙银川，王素艳，李浩，等，2018. 宁夏六盘山区夏季避暑旅游气候舒适度分析 [J]. 干旱气象，36(6): 1035-1042.

吴琼，王如松，李宏卿，等，2005. 生态城市指标体系与评价方法 [J]. 生态学报，25(8): 2090-2095.

杨俊，张永恒，席建超，2016. 中国避暑旅游基地适宜性综合评价研究 [J]. 资源科学，38(12): 2210-2220.

张文强，孙从建，2018. 山西省避暑旅游目的地适宜性评价 [J]. 山西师范大学学报（自然科学版），32(2): 90-99.

张曦月，姜超，孙建新，等，2018. 气候舒适度在不同海拔的时空变化特征及其影响因素 [J]. 应用生态学报，29(9)：2808-2818.

周文娟，申双和，2017. 热气候指数评价 1981—2014 年南京夏季舒适度 [J]. 科学技术与工程，17(4): 132-136.

DE FREITAS C R, SCOTT D, MCBOYLE G, 2008. A second generation climate index for tourism (CIT) : Specifications and verifications[J]. International Journal of Biometeorology, 52(5): 399-407.

ENDRITZKY, GERD, DE, et al, 2012. UTCI—Why another thermal index[J]. International Journal of Biometeorology, 56: 421-428.

MORENO A, AMELUNG B, 2009. Climate change and tourist comfort on Europe’s beaches in summer: A reassessment[J]. Coastal Management, 37(6): 550-568.

PERCH N S, AMELUNG B, KNUTTI R, 2010. Future climate resources for tourism in Europe based on the daily tourism climatic index[J]. Climate Change, 103(3): 363-381.

TANG M T, 2013. Comparing the tourism climate index and holiday climate index in major European urban destinations[D]. Ontario: University of Waterloo.